科学家之梦
DREAMS OF
SCIENTISTS

Neutrino Oscillation

中微子 振荡 之谜

邢志忠◎著

上海科技教育出版社

作者简介

邢志忠　中国科学院高能物理研究所研究员，中国科学院大学物理科学学院岗位教授。1987年毕业于北京大学物理系，获得理学学士学位；1993年毕业于中国科学院高能物理研究所，获得理学博士学位；之后分别在德国慕尼黑大学物理系（1993年10月至1996年3月以及1998年4月至2001年3月）与日本名古屋大学物理系（1996年4月至1998年3月）从事基本粒子物理学的理论研究；2001年春回国。在中微子物理学的唯象研究领域做出过具有重要国际影响的原始创新工作，业余时间热衷于科学普及和传播，是中国科学家"博客"写作的先行者，科学网博客"所谓江湖"的博主。

内容提要

从 1998 年至今，中微子物理学经历了整整 20 年的辉煌，其间，大气中微子振荡被发现、太阳中微子"失踪"之谜被破解、反应堆反中微子振荡和加速器中微子振荡也相继被观测到，从而确立了三种已知的中微子具有微小且非简并的静止质量以及不同种类的中微子之间可以相互转化的事实——这是迄今为止实验上所发现的唯一具有坚实证据的新物理，预示着经过了千锤百炼的粒子物理学标准模型其实是不完备的。有着微小质量但数目巨大的中微子在宇宙演化的进程中扮演了极其重要的角色，是如今多信使天文学的神奇探针之一。

本书大致遵循中微子物理学发展的历史脉络，首先简要介绍了中微子及其反粒子的概念是如何被引进物理学的，以及它们在实验上被逐一发现的过程。随后从标准模型入手，描述了"零"

质量中微子的基本弱相互作用属性以及轻子数和轻子味的概念。作为基本费米子的中微子有可能就是自身的反粒子吗？自然界存在不直接参与标准弱相互作用的所谓"惰性"中微子吗？我们也在本书中针对诸如此类尚无答案的问题作了一定程度的探讨，同时阐述了中微子质量起源的可能机制以及中微子质量谱与带电轻子和夸克质量谱的显著区别，并比较了轻子味混合模式与夸克味混合模式之间的异同。

中微子振荡——即一种类型的中微子在空间传播的过程中自发地和周期性地转化成另外一种类型的中微子的量子相干现象——自然是本书的重点。我们首先介绍了中微子振荡的唯象学和物质效应，然后具体描述了大气中微子振荡现象及其被发现的过程，也详细描述了太阳中微子"失踪"之谜和破解这一谜题的相关振荡实验。在介绍了两类典型的加速器中微子振荡实验之后，我们把注意力集中到反应堆反中微子振荡实验，特别是在中国本土完成并取得了巨大成功的大亚湾反应堆反中微子振荡实验。可喜可贺的是，中国主导的新一代反应堆反中微子振荡实验的"旗舰"——江门实验——正在建造世界上体积最大、能量分辨率最高的液体闪烁体探测器，即将成为国际非加速器粒子物理学的新地标并有望取得重大成果。

尽管中微子物理学的实验和理论研究在过去20年取得了令人感叹的长足进展，但中微子本身及其振荡行为仍然存在诸多未解之谜。本书在结尾的部分简要概括了其中一些与中微子相关的、亟待解决的基本问题，希望引起学术界的重视并激发广大青年学子和科普爱好者的兴趣。毋庸置疑，神秘莫测的中微子在未来20年依然会在核物理学、粒子物理学、宇宙学和天文学领域带给人们意想不到的发现和惊喜。

献给

我的科研引路人杜东生老师

目 录

作者自序

1959 年底，物理学大师费恩曼（Richard Feynman）在美国物理学会作了一场题为"底部有足够的空间"（There is Plenty of Room at the Bottom）的经典演讲，被后人称作纳米技术的先知宣言。世间万物的"底部"与"顶部"究竟何在，自然是仁者见仁、智者见智，但它们对应着微观与宇观两个世界，却是不言而喻的。如今科学家对"底部"的窥视，早已不限于纳米尺度，而是直达质子直径千分之一的微微微米（阿米）尺度，即比纳米整整小了 9 个数量级。也许"底部"的空间之大，远远超过了费恩曼和所有人的想象。无论如何，这都是物理学和物理学家的胜利！

无独有偶，英籍德裔经济学家舒马赫（Ernst Friedrich Schumacher）在 1973 年出版了一部畅销书，名为《小的是美好的》（*Small is Beautiful*），被誉为可持续发展的先知之作。2016年夏天经北大校友推荐,我第一次读到这本短小精悍的"旧"书,依然被其中那些超越经济学范畴的卓越思想和见解所打动。在我研究的粒子物理学领域,除了无质量、无结构的光子和胶子,最小的基本粒子当属中微子。中微子到底有多"小"的问题,就如同暗物质到底有多"暗"的问题一样,都是当今粒子物理学和宇宙学的未解之谜。更令人惊奇的是,中微子其实属于宇宙的"热"暗物质,它们像幽灵一般无处不在,既是宇宙演化的参与者,也是宇宙演化的见证者。

作为已知的基本费米子家族的最轻成员,中微子不得不处于质量谱的"底部",而那里的空间大到允许其中一类中微子的质量无穷小!正是由于中微子的"小"与"暗",它们呈现出其他基本粒子不具备的奇特性质:振荡!中微子振荡作为宏观可测的量子相干现象,指的是一种类型的中微子在空间传播一定距离后,有可能转化成另一种类型的中微子。这是物质存在与转化的新形式,不同于散射、衰变和束缚态等人们较为熟悉的形式。本书的主旨就在于以通俗易懂的科普语言,解读中微子振荡的奥秘,并探讨与之相关的前沿科学问题。

我与中微子振荡的不解之缘始于1995年。那一年秋天,我在慕尼黑大学物理系与弗里奇(Harald Fritzsch)教授合作,完成了一篇题为"轻子质量等级与中微子振荡"(Lepton Mass Hierarchy and Neutrino Oscillations)的论文。这是我发表的第一篇探讨中微子质量与振荡的学术文章,它与众不同地对轻子混合模式作出了今天看来定性上依然正确、定量上并不离谱的理论预言。大约两年半之后,

1998年6月，随着日本的超级神冈实验令人信服地发现了大气中微子的振荡现象，中微子物理学从此进入了激动人心的黄金时代。当年作为一个对中微子知之虽少但倍感兴趣的博士后，我有幸从一开始就跟上了这一难得的潮流，像风口上的猪一样飞了一会儿，并且亲身见证了这段辉煌的历史。

本书预设的读者群包含了正在中微子物理学前沿领域从事一线研究的学者和正在中学或大学学习经典物理学基础知识的学生，以及知识面处于两者之间但兴趣没有边界的广大科普爱好者。鉴于此，我重温了自己曾提出的关于科普与求职报告的"三分之一定理"，即三分之一的内容让所有人听得懂（否则你将失去听众）、三分之一的内容让专家听得懂（从而体现专业品质）、三分之一的内容让所有人听不懂（以便显得自己有水平）。在接下来的写作过程中，我不得不借助几个至关重要的数学公式，目的在于尽可能准确地展现中微子振荡及物质效应的基本特征。不过我希望读者还是可以通过我的文字叙述和图表说明，获取有关中微子物理学的一些最重要信息，同时不觉得过于枯燥乏味。

尽管曾经与周顺博士合作撰写过一部颇受国内外同行好评的中微子物理学英文专著（*Neutrinos in Particle Physics, Astronomy and Cosmology*，浙江大学出版社与施普林格出版社2011年出版），但我写作有关中微子的科普书籍还是第一次。好在它的篇幅短小，与它所关注的对象一样，都符合舒马赫的美学观念。另一方面，诸如"作者水平有限，错误在所难免"之类的客套话我就不说了。毫无疑问，对我的这次写作而言，由于时间紧迫，"底部"的确有足够的空间。

　　本书属于国家自然科学基金面上项目"马约拉纳中微子的味结构与轻子数破坏效应"（项目批准号：11775231）和重点项目"中微子质量起源及相关新物理的理论研究"（项目批准号：11835013）的科普拓展工作的一部分。

　　在科教融合的大背景下，本书作为中国科学院大学物理科学学院开设的研究生专业选修课程"中微子物理学"的入门参考书，也将作为高年级本科专业选修课程"粒子物理学基础"的课外补充读物。

邢志忠

2018年6月19日

上海

弗里奇教授序

原子的核心——原子核——由两类粒子构成，带电的质子和不带电的中子。质子是稳定的粒子，但自由的中子并不稳定。后者可以衰变成质子和电子，这种贝塔（β）衰变过程是由弱相互作用引发的。

早在20世纪初，物理学家们就曾仔细研究过贝塔衰变反应。由于能量守恒，该反应所释放出来的质子和电子的能量加在一起应该等于中子的能量。倘若中子处于静止状态，那么它的能量就由它的质量给定，这归因于爱因斯坦的质能方程 $E=mc^2$。所以电子和质子的能量之和是由中子的质量确定的。然而实验结果却表明，电子的能量总是小于基于中子的质量所算得的数值。这似乎显示，能量在贝塔衰变过程中并不守恒。

1930 年，奥地利物理学家泡利（Wolfgang Pauli）针对上述问题产生了一个有趣的想法，他在写给参加图宾根会议的同行的信中阐述了自己的想法。他假设贝塔衰变不仅释放出一个电子，还放射出一个电中性的粒子，即中微子。必须把中微子、电子和质子的能量加在一起，在这种情况下贝塔衰变才保持能量守恒。泡利认为中微子只是一种假想粒子，形如"吵闹鬼"（noisy ghost），因为不可能在实验中发现这种粒子。不过他错了！

1956 年，美国科学家借助大型核反应堆仔细研究了原子核的衰变过程。从一种原子核衰变而来的反中微子与另一种原子核发生碰撞，可以转化成电子的反粒子——正电子。实验上通过观测正电子，进而间接地探测到反中微子的存在。因此泡利的假说被证明是正确的。

电子、中微子以及它们的反粒子统称为轻子。它们与质子和中子不同，不参与强相互作用。1936 年，另外一种类型的带电轻子在宇宙线中被发现，它就是缪子（μ^-）。这种粒子的质量比电子的质量大了差不多 200 倍，它不稳定，可以衰变成电子、中微子和反中微子。当时许多物理学家对于缪子的存在深感意外。在某一物理学会议上，诺贝尔奖得主拉比（Isidor Rabi）就曾追问道：究竟是谁让它存在的？

当年人们认为，通过缪子衰变产生的中微子与中子衰变产生的中微子是同一种类型的粒子。但到了 1962 年，美国布鲁克海文国家实验室的科学家们发现情况并非如此，另外一种类型的中微子会在缪子衰变中产生。因此自然界中存在两类中微子,电子型中微子和缪子型中微子。在缪子衰变的过程中,缪子转化成电子、缪子型中微子和电子型反中微子。

1975年,第三种类型的带电轻子在加利福尼亚州的斯坦福直线加速器中心被发现,它就是陶子(τ^-)。该轻子的质量非常大,比电子的质量大3500倍左右,在它的衰变过程中会产生第三种类型的中微子,即陶子型中微子。

故而在我们的宇宙中,存在三组轻子,每一组都包含一种带电轻子和一种中微子。迄今为止还没有人能够搞清楚,自然界中为何存在三组轻子。对宇宙中的稳定物质而言,至关重要的只是第一组轻子,即电子以及与之相对应的中微子。如果今天拉比还活着,他也许会追问:究竟是谁让缪子、陶子及其相关的中微子存在的?

长期以来,人们对从中子衰变过程中释放出来的中微子的能量进行了极其精细的研究,因为可以通过这种方式测量中微子的质量。但实验上并没有观测到中微子具有任何质量,所以大家都认为中微子的质量为零。

从1972年到1976年,这四年间,我在加州理工学院做博士后。1975年,我与闵可夫斯基(Peter Minkowski)合作发表了一篇论文,计算了中微子振荡的概率。当时实验上只观测到两种中微子,我们假设这两种类型的中微子具有微小的质量,并且通过弱相互作用过程所产生的中微子并不是质量本征态,而是质量本征态的混合态,由一个混合角来描述。

当电子型反中微子从反应堆中产生出来以后,它以略低于光速的速度飞离反应堆。在空间传播一段距离之后,电子型反中微子会转变成缪子型反中微子,稍后再转化成电子型反中微子,倘若两者之间的混合角等于45°。这就是反中微子振荡。1998年,诸如此类的中微子振荡效应在日本被发现。

在日本阿尔卑斯山下的小城神冈附近建立了一个大型地下探测器。借助于该探测器,科学家们得以研究来自上层大气的缪子型中微子。此类中微子产生于宇宙线与上层大气中的原子核之间的碰撞。实验发现,来自神冈探测器正上方大气层的缪子型中微子的通量与预期相符,而来自地球另一面的缪子型中微子的通量只有预期值的一半左右。如果缪子型中微子发生了振荡,这种现象就可以解释清楚。大量穿过地球的缪子型中微子在到达神冈探测器时已经转化成了陶子型中微子,但后者很难被探测到。

科学家们也利用神冈探测器研究了产生于日本筑波市附近的高能物理学实验室(KEK)的缪子型中微子束流,从KEK实验室到神冈地下探测器的距离为250千米。结果实验中只观测到了70%的中微子事例,这再次表明一部分缪子型中微子转化成了对探测器不敏感的陶子型中微子。

　　除此之外，科学家们也仔细研究了太阳放射出来的电子型中微子。通过太阳内部核聚变所产生的能量，可以计算出到达地球的太阳中微子的通量。实验结果表明，所观测到的太阳中微子通量只是理论计算值的三分之一。因此太阳中微子也发生了振荡，当它们到达地球时，一部分电子型中微子转化成了缪子型和陶子型中微子，后两者都对探测器不敏感。

　　从核反应堆产生出来的是电子型反中微子，它们在空间穿行一段距离之后会转化成对探测器不敏感的缪子型或陶子型反中微子。这种电子型反中微子的"消失"现象已经被观测到，比如在中国的大亚湾实验中。

　　只有当中微子具有质量时，中微子振荡现象才会发生。自1998年以来，我们已经确认了中微子拥有微小的质量这一事实。但在中微子振荡过程中，只能测量中微子的质量平方差，它们的质量本身依然是未知数，我们只知道后者要比电子的质量小得多。

　　1996年，我与本书的作者提出过一个有趣的理论模型，将中微子振荡的参数与轻子质量关联起来，于是得以计算出中微子的质量。我们发现中微子质量的最大值竟然只有电子质量的一千万分之一！

　　如此微小的中微子质量意味着中微子本身并非普通的轻子，它们与电子和缪子有很大的不同。1937年，意大利那不勒斯大学的年轻物理学教授马约拉纳（Ettore Majorana）探讨了电中性的轻子在基本性质方面或许不同于带电轻子的可能性。电子具有反粒子，即正电子。电中性的轻子也可能具有反粒子，但它们也可能没有反粒子，或者说反粒子就是它们自身。这样的轻子就是"马约拉纳型费米子"，它们相应的质量被称为"马约拉纳质量"，后者在理论上可以自然而然地远小于电子的质量。

1906年，马约拉纳出生于西西里。他曾在罗马求学，随后加入了费米（Enrico Fermi）的课题组，开始从事理论物理学的研究。他也曾在莱比锡与海森伯（Werner Heisenberg）一起工作过半年。1937年，马约拉纳成为那不勒斯大学的教授。1938年，他从西西里岛的巴勒莫乘船前往那不勒斯，但却始终没有到达目的地。据说他从船上跳海自杀了，而他的神秘失踪也成为科学史上的一大谜团。

中微子的马约拉纳质量是可以测量的。在某些原子核中，中子可以发生衰变从而转化成质子，并释放出电子和电子型反中微子。有时候原子核中的两个中子可以同时发生衰变，故而会释放出两个电子和两个电子型反中微子。实验上已经观测到此类双贝塔衰变过程。

如果中微子具有马约拉纳质量，那么上述双贝塔衰变过程中释放出来的两个反中微子可以彼此"湮灭"，从而整个反应过程只释放出两个电子。科学家们已经花了多年时间苦苦寻找这种无中微子的双贝塔衰变过程（比如利用碲的同位素衰变），迄今为止依旧没有发现任何信号。

　　倘若中微子的绝对质量果真如上所述极其微小，那么无中微子双贝塔衰变的概率就会比目前各种实验（包括在意大利格兰萨索地下实验室开展的相关实验）给出的上限还要低得多（约 1/500），因此需要设计新的实验去观测无中微子的双贝塔衰变过程，以期证实中微子的马约拉纳属性。毫无疑问，中微子物理学已经成为一个极其有趣的研究领域。

哈拉尔德·弗里奇

2019年2月8日

慕尼黑

第1章
一种新粒子的"诞生"

1.1 贝塔衰变的能谱危机

众所周知,中微子物理学的历史通常都要追溯到1930年底。其实早在20世纪初期,核物理学就随着狭义相对论和量子力学的诞生而逐渐发展起来,而关于原子核的贝塔(β)衰变实验也方兴未艾。但是当时的实验结果和理论预期产生了不可调和的矛盾:实验观测到的贝塔衰变末态电子能谱是连续谱,而理论预期的诸如 $^3_1H \rightarrow {}^3_2He + e^-$ 等二体贝塔衰变反应的末态电子能谱是离散谱,即电子具有确定的能量和动量[1]。为了解释这一令人难以理解的"新物理"现象,以丹麦物理学家玻尔(Niels Bohr)为代表的少数人甚至开始怀疑能量守恒定律在贝塔衰变这样的微观反应过程中可能并不严格成立。与玻尔的观点不同,年轻的奥地利物理学家泡利(Wolfgang Pauli)坚决捍卫能量和动量守恒定律,他在1930年12月提出

---

① 需要提醒读者注意的是,当时核物理学家们主要研究的其实是镭等具有天然放射性的重元素的贝塔衰变过程,以及泡利的书信中提到的氮和锂等轻元素的贝塔衰变反应,而更轻的氚元素直到1934年才被卢瑟福(Ernest Rutherford)等人合成出来。但为了简单起见,这里以氚元素为例介绍贝塔衰变的能谱危机。

了一个解决上述问题的新方案：氚原子核的贝塔衰变反应可能是三体过程 $^3_1H \rightarrow {}^3_2He + e^- + \bar{\nu}_e$，即该裂变反应的产物还包含一个电中性、自旋 1/2、质量很小的新粒子 $\bar{\nu}_e$。这个当时被泡利称作"中子"的新粒子带走了一部分能量和动量，因此实验上测得的电子能量分布才变成了连续谱。

与怀疑能量和动量守恒定律相比，预言一个实验上看不见、摸不着的新粒子同样存在很大风险，因此泡利并没有就此发表任何学术论文，而是通过书信和口头交流等非正式的方式把自己的想法传递给了界内同行。在那封写于 1930 年 12 月 4 日的信中，泡利提出了所谓"孤注一掷"的著名假说：

尊敬的从事放射性研究的女士们、先生们：

在考虑 ^{14}N 和 ^6Li 核的反常自旋统计及贝塔衰变连续谱问题时，我无意中发现了一个孤注一掷的解决方案，它可以保全自旋统计关系和能量守恒定律。我恳请诸位听送信人更为详细地解释我的想法。我的想法就是，在原子核内部可能存在一种自旋等于 1/2 的电中性粒子，我称其为"中子"。该粒子满足不相容原理；并且与光量子不同的是，它不以光速运动。"中子"的质量应该与电子的质量处在同一数量级，而且无论如何也不大于质子质量的百分之一。如果在贝塔衰变的过程中"中子"与电子同时产生且"中子"与电子的能量之和是一个常数,那么贝塔衰变的连续谱问题就迎刃而解了。

接下来的问题是:作用在"中子"上的究竟是什么力?基于波动力学(送信人将解释更多的细节),我认为胜算最大的模型是静止的"中子"实为一个具有一定力矩的磁偶极子,其磁矩为 μ。实验似乎要求这样一个"中子"的电离效应不能超过 γ 射线,因此我觉得 μ 不应该大于 e×10⁻¹³ cm。

但是我不敢就这个想法发表任何东西,故而先征求一下你们这些放射性专家的意见:倘若这样一个"中子"的穿透力与 γ 射线相当,或者比 γ 射线的穿透力还大 10 倍,如何用实验来证明它的存在呢?

我承认自己的补救措施看起来有点不太合理,因为"中子"倘若存在的话,它们应该早就被观测到了。但是有赌才有赢,而且贝塔衰变连续谱问题的严重性可以用我的前任、尊敬的德拜(Peter Debye)先生的一句名言来说明,他不久前在布鲁塞尔告诉我说,"有些事情我们最好完全不去想它,比如新增的赋税。"因此我们应该认真地讨论每一个可能解决问题的方案。所以,尊敬的放射性专家们,请设法检验我的想法是否正确。很不巧,我不

　　能亲自到图宾根来，因为我必须参加12月6日夜里在苏
黎世举办的通宵舞会。

　　向你们，也向贝克先生致以诚挚的问候！

沃尔夫冈·泡利

谨启

　　年轻的意大利理论物理学家费米（Enrico Fermi）及其同事十分
重视泡利所提出的新粒子，借助意大利语为它取了一个更加形象
的新名字——"中微子"（neutrino），即微小的中性粒子，从而与英国
物理学家查德威克（James Chadwick）于1932年发现的真正"中子"
（neutron）区分开来。1933年底，费米创造性地将当时三个崭新的
物理学概念——泡利的中微子假说、英国理论物理学家狄拉克
（Paul Dirac）关于产生与湮灭算符的概念以及德国理论物理学家海
森伯（Werner Heisenberg）提出的同位旋对称性——结合在一起，建
立了贝塔衰变的有效场论。基于这一理论，最简单、最基本的贝塔
衰变过程 $n{\rightarrow}p+e^-+\bar{\nu}_e$ 实质上是通过由质子和中子构成的核子流与
由电子和电子型反中微子构成的轻子流之间的相互作用而发生
的，两者的耦合系数就是著名的费米耦合常数 $G_F=1.166\times10^{-5}$
GeV^{-2}。费米的贝塔衰变理论是现代有效场论的开山之作，也是他
本人最好的理论工作。

值得一提的是,费米耦合常数是一个具有量纲的小量,这意味着触发核裂变的力很弱,因此被称作"弱"相互作用。但在后来建立的"标准"电弱统一理论中可以发现,无量纲的弱作用耦合系数 g 的数值其实并不小,$g \approx 0.65$。之所以弱相互作用在各种低能物理现象中表现得很微弱,是因为传递弱核力的 $W^\pm$ 和 Z^0 玻色子本身的质量很大,从而压低了相互作用的强度。举例来说,著名的关系式 $G_F = \sqrt{2} g^2 / (8M_W^2)$ 来自标准模型的带电流相互作用在低能简化为费米有效理论的结果,由于 $W^\pm$ 粒子的质量约为 80.4 GeV,因此强烈压低了费米耦合常数的大小,从而使得弱核力"显得"很弱。当在电弱统一能标(即 10^2 GeV 附近)研究各种弱相互作用过程时就会发现,弱核力其实并不弱。

1.2 探测电子型反中微子

由于中微子的特殊性质(电中性、弱作用以及质量极其微小),直接测量贝塔衰变过程是很难确认其存在的。相比之下,贝塔衰变的逆过程 $\bar{\nu}_e + p \to e^+ + n$ 可以用来探测核反应堆产生的电子型反中微子。探测器的工作原理很简单,如图 1.1 所示,主要利用了掺入钆或镉元素的液体闪烁体作为探测媒质,光电倍增管作为感光器件。进入探测器的电子型反中微子与探测媒质中的质子发生弱相互作用,转化为正电子和中子。其中正电子很快就会与探测媒质中的普通电子发生成对湮灭,释放出两个能量在 MeV 量级、运动方向相反的伽马光子,从而在光电倍增管中闪光。另一方面,中子在探测器中游走片刻之后,会被钆或镉原子核俘获,同时释放出动能处于MeV量级的伽马光子,后者也在光电倍增管中闪光。通过观测先后发生的、间隔只有数微秒的两次闪光信号,就能令人信服地确认探测器内部发生了$\bar{\nu}_e + p \rightarrow e^+ + n$反应,进而判定其中看不见的入射粒子就是来自核反应堆的电子型反中微子。

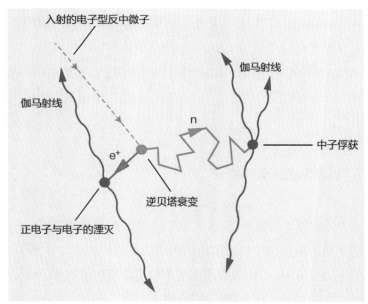

图1.1 逆贝塔衰变在液体闪烁体中触发的双重伽马光信号,用以识别和确认衰变所产生的末态正电子和中子,从而断定看不见的入射粒子就是来自核反应堆的电子型反中微子。

1956年6月,美国实验物理学家莱因斯(Frederick Reines)和考恩(Clyde Cowan)利用地处萨凡纳河畔的核反应堆以及上述探测原理,成功地捕捉到了泡利提出的假想粒子——中微子。他们兴奋地给远在苏黎世大学的泡利发去电报,报告了这一惊人的实验结果,并且强调他们探测到的电子型反中微子与质子的散射截面符合当时的理论预期值,即大约$6×10^{-44}$ cm^2。值得注意的是,"当时的理论"假设了宇称(parity)[①]在弱相互作用过程中是守恒的;一旦允许宇称最大限度地破坏,那么中微子与核子的散射截面就会加倍,从而导致"当时的实验结果"与宇称不守恒的理论预期值之间的不一致。

换句话说,虽然费米的有效理论能够成功地解释一部分贝塔衰变模式的末态电子能谱,但在当时却不足以完全反映弱相互作用的本质特征。这种情况恰好在1956年6月开始发生转变,原因在于李政道和杨振宁提出了弱相互作用中宇称可能不守恒的革命性思想;他们的论文于当年10月份发表在《物理评论》(*Physical Review*)期刊上,随后美国哥伦比亚大学的吴健雄等人与莱德曼(Leon Lederman)等人在1957年初通过各自的实验证实了这一点。基于相关的实验结果,宇称在弱相互作用中发生了最大限度的破坏,因此加州理工学院的费恩曼(Richard Feynman)和盖尔曼(Murray Gell-Mann)在1958年初指出:描述贝塔衰变和其他弱相互作用过程的正确理论应该具有"V—A"的结构,即矢量流与轴矢流

----

① 宇称是描述粒子的性质在空间反演变换(或者左右交换)下是否保持不变的量子数。在电磁相互作用和强相互作用过程中宇称守恒,在弱相互作用过程中宇称最大限度地破坏。

之差的结构。

    莱因斯和考恩的实验结果与"V—A"型弱相互作用理论的预言所产生的明显偏差直到1960年才得到澄清,主要原因在于他们最初对实验数据的分析严重地高估了探测效率。这使得诺贝尔奖对这一重大实验发现的承认姗姗来迟。1995年,即考恩去世21年后,77岁高龄的莱因斯才因他们在1956年所做的那个既了不起又充满争议的实验而获得诺贝尔物理学奖。

1.3 三代中微子图像

    弱相互作用中宇称最大限度破坏的实验结果促使李政道与杨振宁、苏联理论物理学家朗道(Lev Landau)以及巴基斯坦理论物理学家萨拉姆(Abdus Salam)在1957年分别提出了中微子的二分量理论,该理论要求中微子的质量严格等于零,而且只存在左手征的中微子态(以及右手征的反中微子态)。在这种情况下,中微子(反中微子)作为韦尔费米子(Weyl fermion)就应该具有左手(右手)螺旋度,即它的自旋矢量在动量方向的投影与动量方向相反(相同)。1958年,奥地利裔美国物理学家戈德哈贝尔(Maurice Goldhaber)及其合作者通过测量俘获轨道电子的 $^{152}_{63}\mathrm{Eu}(0^-)+e^-\rightarrow$ $^{152}_{62}\mathrm{Sm}^*(1^-)+\nu_e$ 反应确定了末态的电子型中微子具有左手螺旋度,从而有力地支持了中微子的二分量理论。但是,中微子真的没有质量吗？当然不是，只是它们的质量极其微小而已。

1962年，哥伦比亚大学与布鲁克海文国家实验室的莱德曼、施瓦兹（Melvin Schwartz）和施泰因贝格尔（Jack Steinberger）首次观测到高能中微子与物质的相互作用现象，从而确认了第二种类型的中微子——与带电的缪子（电子的姐妹）相关联的中性费米子——的存在。他们因此获得了1988年的诺贝尔物理学奖。2000年，科学家在美国费米国家实验室发现了与带电的陶子（电子和缪子的姐妹）相关联的第三种中微子。至此，标准模型所包含的三种中微子及其反粒子都被美国物理学家发现了。

在粒子物理学中，中微子属于体重超轻的"味"（flavor）范畴。"味"的概念，最先是由德国物理学家弗里奇（Harald Fritzsch）与盖尔曼在1971年提出来的，用以描述不同类型的夸克和轻子。据说两个人是在美国加利福尼亚州一家名叫芭斯罗缤（Baskin Robbins）的冰激凌店品尝不同口味的冰激凌时产生的灵感，意在颠覆一下物理学中那些过于抽象和枯燥的概念。因此"味"物理学的核心旨在研究费米子的质量起源、不同类型的"味"相互转化（即"味"混合）以及电荷共轭和宇称联合变换①对称性破坏等基本问题。中微子物理学也不例外。

----

① 电荷共轭和宇称联合变换（即CP变换）将粒子变为它的反粒子，或者说将物质变成反物质。在电磁相互作用和强相互作用过程中CP守恒，但在弱相互作用过程中CP不守恒，因此物质和反物质是可以区分的。

1.4　无所不在的中微子

　　中微子是宇宙起源与演化的参与者和见证者,这一点毋庸置疑。基于标准的大爆炸宇宙学理论,我们可以描绘出中微子在宇宙年龄约为1秒、38万年和137亿年(即今天)这三个重要时间点所占的宇宙能量密度的份额,如图1.2所示。极早期宇宙空间中的能量是由辐射主导的,因此中微子和光子这两种相对论性的粒子贡献了几乎100%的能量密度。当宇宙的年龄约为1秒时,其平均温度降至1 MeV左右,此刻中微子与核子的弱相互作用率接近或小于宇宙的哈勃膨胀率,因此中微子开始退耦,即不再与其他粒子发生频繁的相互作用,而是形成宇宙空间的中微子背景,于是至关重要的大爆炸核合成过程在中微子不再"骚扰"质子和中子后拉开了序幕。当宇宙的年龄达到38万年时,它已经进入了暗物质主导的时代,中微子占能量密度的份额只有10%左右;这时光子开始退耦,构成宇宙空间的微波背景辐射,于是稳定的电中性原子在光子

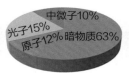

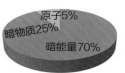

宇宙年龄1秒:　　　　　宇宙年龄38万年:　　　　　今天的宇宙:
中微子退耦　　　　　　　光子退耦　　　　　　　暗能量与暗物质

图1.2　中微子在宇宙演化的三个不同重要时间点所占能量密度的份额示意图。

不再"骚扰"电子和原子核后得以形成。今天的宇宙处在暗能量（或者说宇宙学常数）主导、暗物质起次要作用的时期，作为"热"暗物质的中微子占能量密度的份额不足1%，而光子对能量密度的贡献更是只有万分之几。如果用李白的诗句形象地描述中微子在宇宙演化过程中的角色转换，可以说是"今人不见古时月，今月曾经照古人"。无论如何，没有中微子的世界是不可想象的。

　　基于大爆炸宇宙学的计算表明，今天的宇宙空间中背景光子和背景中微子的平均数密度分别约为 $n_\gamma \approx 410$ cm^{-3} 和 $n_v \approx 336$ cm^{-3}，而它们的平均温度分别约为 $T_\gamma \approx 2.7$ K 和 $T_v \approx 1.9$ K。如何探测能量如此之低的宇宙背景中微子是当今粒子物理学和天文学的重大挑战之一，因为它们在一般情况下无法触发带电流弱相互作用过程，因此传统的探测技术无能为力。1962年，美国物理学家温伯格（Steven Weinberg）建议：利用能够自发地发生贝塔衰变的原子核作为靶粒子来俘获宇宙空间中的极低能原初电子型中微子，即通过对于入射中微子来说没有能阈限制的二体散射过程 $v_e + N \to N' + e^-$ 来达到俘获中微子的目的，因为该反应所生成的电子的能谱一定是离散谱，而它到贝塔衰变 $N \to N' + e^- + \bar{v}_e$ 末态电子能谱的端点差不多是2倍中微子质量的距离。目前科学家们正在探讨如何将温伯格的想法付诸实践，他们拟选用的原子核包括较轻的氚元素和较重的钬元素等。毫无疑问，这类极具挑战性的实验能否最终成功，取决于其探测器的能量分辨能力能否达到中微子质量的水平，以及相应的"靶"质量是否足够大到可以提高俘获宇宙背景中微子的概率。

除了宇宙大爆炸,中微子也会产生于星系、恒星、行星以及超新星爆发等剧烈的天体过程。1987年2月23日,银河系中距离地球约168 000光年的大麦哲伦星云处发生的超新星爆发所释放的中微子就被日本的神冈探测器和美国的IMB探测器成功地探测到了,而神冈实验的领导者小柴昌俊(Masatoshi Koshiba)由此荣获了2002年的诺贝尔物理学奖。甚至在双黑洞或双中子星系统从渐进旋近到融为一体的过程中,除了释放出引力波,也可能释放电磁波和中微子,故而中微子在多信使天文学中扮演着不可或缺的重要角色。另一方面,太阳和大气中微子振荡现象的发现及其背后的物理深意则是本书后面要重点介绍的内容,它们成为粒子物理学和天体物理学发展史上的里程碑。

与天然的中微子源相比,人工可控的中微子源包括核反应堆和加速器,它们是在实验室研究中微子的各种基本性质的最重要手段。正如前文所描述的那样,中微子及其反粒子的真实存在首先是在核反应堆实验中得以证实的,而来自反应堆的电子型反中微子的振荡行为也已经被包括中国大亚湾实验在内的多家实验所观测到,后者也是本书介绍的重点之一。同样,加速器在中微子物理学中的地位也是举足轻重的,不仅可以利用加速器产生的中微子束流研究中微子的基本性质,而且可以借此研究各种长基线中微子振荡现象并精确测量中微子的味混合参数和CP不守恒效应。事实上,缪子型中微子的发现、陶子型中微子的发现以及参与标准弱相互作用的轻中微子只有三种类型等实验事实,都是借助加速器而取得的。在加速器上可以先产生带电的 $\pi^{\pm}$ 介子,再利用其衰变过程产生和研究缪子型中微子及其反粒子束流。

也许出乎很多人的意料,每秒竟然有上万亿个太阳中微子穿过你的身体!那些来自太阳中心核聚变所产生的电子型中微子,恰好为太阳之所以发光和发热提供了令人信服的证据。其实人体自身也是一个活跃的中微子源,每天每夜差不多会释放出数亿个电子型反中微子,后者源自人体内部微弱的天然放射性。人每天通过吃饭、喝水和呼吸等生理活动将食物、饮品和空气中存在的微量放射性物质摄入体内。日久天长,这些积累在组织、器官和骨骼中的放射性物质就会产生天然放射性,即贝塔衰变。人体中占主导地位的天然放射性物质是 ^{40}K 元素,它对维持正常的生理功能起着至关重要的作用。

^{40}K 原子核由 19 个质子和 21 个中子组成。每克 ^{40}K 约含有 1.51×10^{22} 个原子。 ^{40}K 原子核的半衰期约为 1.25×10^{9} 年,故其平均寿命约等于 5.7×10^{16} 秒。 ^{40}K 的放射性来自它的三种贝塔衰变过程,其中衰变到 ^{40}Ca 原子核(含有 20 个质子和 20 个中子)的概率约为 89.3%,同时放射出一个电子和一个电子型反中微子;通过电子俘获而衰变到 ^{40}Ar 原子核(含有 18 个质子和 22 个中子)的概率约为 10.7%,同时放射出一个电子型中微子和一个能量为 1.46 MeV 的

伽马光子;而直接衰变到 ^{40}Ar 原子核的概率仅为0.001%左右,同时放射出一个正电子和一个电子型中微子。

进一步的研究表明,一个体重为70千克的成年男子体内大约含有160克钾元素,其中 ^{40}K 的含量约为18.7毫克,对应大约 $2.8×10^{20}$ 个原子核。从而可以估算出,这般体重的男子体内平均每秒发生 ^{40}K 核裂变的次数接近5000次。相应地,平均每日每夜大约会有4.3亿个 ^{40}K 原子核在人体内衰变,释放出约3.8亿个反中微子、4600万个光子和4600万个中微子。衰变过程中所产生的贝塔粒子(即电子或正电子)由于自由程太短,悉数被人体吸收;但大约半数的光子会逃逸出人体,后者所产生的辐射效应已经通过精细的实验装置被测量到了。由于中微子和反中微子只参与弱相互作用,它们与原子核和电子的反应截面极其微小,因此人体内每天 ^{40}K 核裂变所产生的数亿个反中微子可以不受阻碍地以接近光速的速度离开,构成人们生活环境的微弱背景。目前还没有任何实验能够直接探测来自人体内部的这些"幽灵"粒子。

第2章
中微子的基本性质

2.1 关于"零"质量与轻子数

1967年11月20日,以温伯格发表在《物理评论快报》(*Physical Review Letters*)上题为"一个关于轻子的模型"(A Model of Leptons)的短文为标志[①],粒子物理学的标准模型——电磁力与弱核力的统一理论——正式诞生。作为标准模型框架内的基本费米子,三种中微子及其反粒子的最显著特性之一是没有质量,故而它们在宇宙空间中无法静止,只能像光子一样始终以光速传播,直到与其他粒子发生相互作用而发生转变。由于无质量的中微子只参与自然界中已知的四种基本相互作用中的弱相互作用,而弱相互作用本身只青睐左手征的费米子或右手征的反费米子,所以标准模型要求中微子都是"左撇子",而它们的反粒子则都是"右撇子"。再考虑到中微子的电中性属性,以及它们在宇宙起源和演化过程中所起的特殊作用,人们无法不将中微子视为相当另类的基本粒子。

---

① 温伯格最初并没有将夸克纳入标准电弱统一模型的框架内,原因在于他当时对夸克模型的可靠性持怀疑的态度。直到1973年,基于夸克模型并具有"渐近自由"特性的量子色动力学理论建立以后,温伯格才相信了夸克作为基本费米子的存在。

既然三种中微子的质量都等于零,或者说它们的质量是简并的,那么它们与带电轻子之间就不会发生味混合(flavor mixing)现象,即不同种类的轻子之间不会相互转化,这一点与夸克的性质很不相同。在这种情况下,理论上可以定义轻子的两类量子数:轻子数(lepton number)和轻子味数(lepton flavor number),如表 2.1 所示。标准模型中的其他粒子,如夸克和玻色子,则都不具有任何轻子数和轻子味数。值得一提的是,标准模型在经典水平上确实保证了轻子数和重子数(baryon number)守恒,因此诸如 $\mu^+ \to e^+ + \gamma$ 这样的轻子味不守恒过程和诸如 $^{76}_{32}Ge \to\, ^{76}_{34}Se + 2e^-$ 这样的轻子数不守恒过程是禁闭的。但在非微扰区域,量子修正效应会导致标准模型的轻子数守恒和重子数守恒同时遭到破坏,两者之间的差则依旧是守恒的。

表2.1　标准模型的轻子数和轻子味量子数

轻子数/味	e^-	ν_e	e^+	$\bar{\nu}_e$	μ^-	ν_μ	μ^+	$\bar{\nu}_\mu$	τ^-	ν_τ	τ^+	$\bar{\nu}_\tau$
L	+1	+1	−1	−1	+1	+1	−1	−1	+1	+1	−1	−1
L_e	+1	+1	−1	−1	0	0	0	0	0	0	0	0
L_μ	0	0	0	0	+1	+1	−1	−1	0	0	0	0
L_τ	0	0	0	0	0	0	0	0	+1	+1	−1	−1

接下来我们会看到,中微子振荡实验表明不同类型的中微子之间是可以相互转化的,即自然界的确存在着轻子味数不守恒的过程。虽然如此,由于在绝大多数反应中轻子味数要么是守恒的、要么破缺效应极其微小,因此表2.1所定义的轻子数和轻子味数在

唯象学层面仍然有用,至少可以帮助我们判断很多稀有过程在标准理论框架内是否允许发生。换句话说,至少在绝大多数低能过程中,轻子味数和轻子数守恒都是很好的近似。

尽管可以说,标准模型作为一个可重正化、结构简单的电弱统一理论自然而然地包容了三种无质量的中微子,但中微子质量等于零这一点归根结底仅属于合情合理的假设而已,因为后者在理论上并没有得到任何基本的对称性或守恒律的保障或支持。相比之下,光子的质量之所以等于零,是因为基本的电磁规范对称性保证了它无法获取质量。换句话说,"零"质量的光子在理论上是令人信服的,而"零"质量的中微子却缺乏足够令人信服的理由。鉴于此,很多理论物理学家从一开始就相信中微子应该具有质量,虽然各种实验证据后来一再表明中微子的质量确实小到似乎可以忽略不计。毫无疑问,倘若中微子具有质量,那么标准模型一定是不完备的、需要被修正的理论。

2.2　带电流与中性流弱作用

在标准模型框架内的所有基本粒子中,中微子是最"孤独寂寞"的,原因在于它们的"社会关系"最简单[①]。首先,中微子是电中

[①] 尽管胶子只与夸克发生强相互作用,但由于它们携带"色"量子数,因此还会产生自相互作用。中微子和其他基本费米子没有自相互作用,光子也没有自相互作用。

性粒子,因此它们与光子没有直接的耦合;其次,中微子与希格斯玻色子没有相互作用,因此它们无法获取质量;再次,中微子不参与强相互作用,所以它们和胶子也没有任何关系。中微子只参与由 $W^{\pm}$ 玻色子传递的带电流弱相互作用和由 Z^0 玻色子传递的中性流弱相互作用,故而在实验上捕捉它们的行踪变得异常困难。原子核的贝塔衰变反应是典型的带电流弱相互作用过程,而缪子型中微子与核子的弹性散射反应则是典型的中性流弱相互作用过程。后者在 1973 年左右被实验发现之后,电弱统一模型随即得到了广泛认可。

图 2.1(a)和(b)展示的是电子型中微子与电子型反中微子通过带电流和中性流弱相互作用与电子发生弹性散射反应的费恩曼图。当中微子束流在物质中传播时,其中的 ν_e 或 $\bar{\nu}_e$ 就会与原子中的电子发生类似的向前相干弹性散射反应,从而影响中微子的振荡行为。与电子型中微子或反中微子不同,缪子型和陶子型中微子及其反粒子只能通过中性流弱相互作用与电子发生弹性散射反应。由于三种类型的中微子通过 Z^0 玻色子与电子发生弹性散射反应的截面总是相同的,因此相应的物质效应不会改变中微子的振荡行为(详见第 4.1 节的讨论)。

具体的场论计算表明,图 2.1(a)和(b)两种情形的散射截面均正比于电子的质量和中微子的能量;因此入射中微子束流的能量越高,发生弹性散射的概率越大。当然,中微子束流在物质中传播时，也会通过中性流弱相互作用与原子核中的质子和中子发生弹性散射反应。在这种情况下，散射截面也与中微子的种类无关，因此相应的物质效应也不会修正中微子的振荡行为。值得注意的是，中微子与物质发生的非弹性散射是另外一回事，比如著名的逆贝塔衰变过程 $\bar{\nu}_e + p \rightarrow e^+ + n$ 就是电子型反中微子和质子之间的非弹性散射；在 $\bar{\nu}_e$ 所携带的能量 E_ν 远低于核子质量的情况下，该非弹性散射的截面与 E_ν^2 成正比。

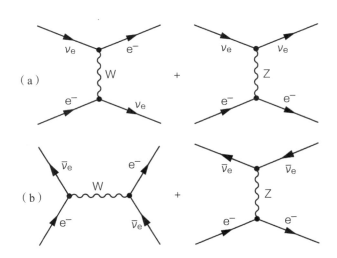

图2.1　电子型中微子(a)与电子型反中微子(b)经由 W^+ 和 Z^0 玻色子传递的弱相互作用与电子发生弹性散射反应的费恩曼图。

中微子天文学特别关注两类中微子，它们都难以被探测到：第一类是前面介绍过的宇宙中微子背景，由于相关中微子的能量太低而导致它们与物质的相互作用极其微弱，在一般情况下根本无法触发带电流反应；第二类是来自遥远天体源的高能宇宙线中微子,它们的能量虽高但通量极小,因此需要体量巨大的中微子望远镜才可能实现有效的测量。目前在地球南极冰层下运行的"冰立方"(IceCube)探测器已经捕捉到一些高能宇宙线中微子的事例,尽管要确定它们来自哪一个天体源仍旧是一项艰巨的任务。

特别值得一提的是,"冰立方"中微子望远镜于2017年9月22日捕捉到一个能量高达290 TeV的缪子型中微子事例,并在实现这一观测的43秒后发出了自动预警信息。几天之后,美国的费米卫星等探测电磁信号的望远镜在"冰立方"探测器给出的方向确认了一个特别明亮的耀变体(Blazar)。耀变体属于活动星系核的一种,是由星系中央的巨大黑洞吸积大量物质而产生的剧烈天文现象,释放出包括带电粒子、光子和中微子在内的高能粒子流,其中的中微子既不受宇宙空间磁场的干扰也不会被宇宙微波背景辐射吸收,因此有可能告诉我们剧烈天体源的方位。"冰立方"国际合作组的此次观测结果令人鼓舞,因为这是人类继探测到来自太阳的中微子和来自超新星1987A爆发所释放出来的中微子之后,第三次观测到来自一个方位确定的遥远天体源的中微子。目前科学家们正计划对"冰立方"探测器进行升级,将有效探测体积增大10倍,力求在解决高能宇宙线起源这一世纪难题方面取得革命性的突破。

2.3　马约拉纳属性与电磁性质

令人难以置信的是,仅在标准模型建立一年以后,即1968年,美国物理学家戴维斯(Raymond Davis)领导的Homestake实验就发现了著名的太阳中微子失踪之谜。如今我们知道,这个几十年悬而未决的难题的正确答案是中微子振荡,即来自太阳内部核聚变所产生的电子型中微子部分转化成了当时实验无法探测的缪子型中微子和陶子型中微子,因此才造成了探测到的电子型中微子通量比标准太阳模型的预期值低很多的奇怪现象。而中微子之所以能够发生振荡,其先决条件就是它们具有微小的、不简并的静止质量,而且不同种类的中微子之间存在显著的"味"混合效应。从这个意义上说,超越标准模型的新物理早在1968年就被发现了,而中微子扮演了至关重要、无可替代的急先锋角色。

既然中微子的质量不等于零①,那么它们就不是韦尔费米子,而应该和电子一样属于狄拉克粒子。但事情也许并没有这么简单,原因在于中微子是电中性的费米子,这是它们与带电轻子和夸克非常不同之处。早在1937年,意大利物理学家马约拉纳(Ettore

---

① 中微子振荡实验测定的只是中微子的质量平方差,因此无法排除其中一类中微子的质量仍然为零的可能性。其他非振荡型实验尚未确定中微子的绝对质量。

Majorana）就撰文指出：中微子的反粒子可能是它自身。而这显然意味着轻子数不守恒。不过需要注意的是，中微子只有在空间自由传播时才具有确定的质量，而它们在与物质发生相互作用时处于"味"本征态，后者是质量本征态的线性叠加。因此只有当马约拉纳中微子处于质量本征态时，才可以说它们的反粒子等于其自身。但若要确定中微子的马约拉纳属性，目前实验上唯一可行的途径是探测某些原子序数 Z 和质量数 A 均为偶数的原子核可能发生的无中微子双贝塔衰变反应 ${}^A_Z\mathrm{N} \rightarrow {}^A_{z+2}\mathrm{N} + 2\mathrm{e}^-$，因为这样的轻子数不守恒过程只有当中微子是马约拉纳费米子的情况下才会发生，如图 2.2 所示。

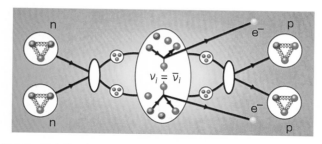

图 2.2　无中微子的双贝塔衰变示意图，其中 $i=1,2,3$，代表 3 种中微子的质量本征态。某些原子序数和质量数均为偶数的原子核内部两个中子各自发生贝塔衰变，所释放出来的马约拉纳中微子与其反粒子等价而相互吸收，导致整个反应的最终产物只含有两个电子和两个质子，因此初态与末态的轻子数相差 2 个单位。

1935 年，德裔美国物理学家格佩特-梅耶（Maria Goeppert-Mayer）基于费米的贝塔衰变理论首次计算了原子核的双贝塔衰变 ${}^A_Z\mathrm{N} \rightarrow {}^A_{z+2}\mathrm{N} + 2\mathrm{e}^- + 2\bar{\nu}_e$。这类 Z 和 A 均为偶数的原子核之所以可以发

生双贝塔衰变,其主要原因在于神奇的核配对力使得 $_{z+2}^AN$ 的质量低于 $_Z^AN$ 的质量。因此原子核 $_Z^AN$ 虽然由于运动学禁闭而无法衰变到比它重的原子核 $_{z+1}^AN$,但却可以衰变到比它轻的原子核 $_{z+2}^AN$ 。此类稀有过程直到1987年才被美国物理学家莫伊(Michael Moe)在实验室中观测到。1937年,就在马约拉纳提出他的新型费米子概念之后不久,意大利物理学家拉卡(Giulio Racah)便撰文将这一概念应用到贝塔衰变过程,并强调了它适用于描述有质量的中微子。1939年,美国物理学家弗里(Wendell Furry)发现中微子的马约拉纳属性可以导致无中微子的双贝塔衰变过程 $_Z^AN \rightarrow {}_{z+2}^AN + 2e^-$,即图2.2所描述的反应,相当于原本出现在两个贝塔衰变过程末态中的反中微子彼此"吸收"了,故而整个衰变过程从初态到末态的轻子数变化为 $\Delta L = 2$ 。由马约拉纳中微子"传递"的无中微子衰变过程的反应率不仅依赖于相空间因子和核子矩阵元,还依赖于有效的中微子质量项(记为 $<m>_{ee}$,详见第3.2节的讨论),其数值远远低于同一原子核的双贝塔衰变的反应率。1982年,美国物理学家谢克特(Joseph Schechter)和西班牙物理学家瓦尔(Jose Valle)提出了一个著名的定理:倘若无中微子的双贝塔衰变反应真的发生了,那么不论该过程是否由马约拉纳中微子"传递",都一定存在一个有效的马约拉纳质量项。换句话说,该过程可以用来确认有质量中微子的马约拉纳属性。

毫无疑问,不携带任何电荷的中微子在经典层面是无法直接与光子发生相互作用的,或者说它们不会直接参与电磁相互作用。但是量子修正会改变这一认识，使得电中性的中微子也可以拥有跃迁型的电偶极矩和磁偶极矩[1]。这一奇特的现象不仅会导致中微子的辐射衰变（例如 $\nu_2 \to \nu_1 + \gamma$）[2]，也会引发中微子与电子的散射效应以及与外磁场的相互作用。不过迄今为止，实验上还没有探测到中微子的这类电磁性质，原因之一在于微小的中微子质量强烈压低了量子修正效应，使得相关的反应过程发生的概率极低。

2.4　轻子家族与惰性中微子

由于三种类型的中微子与三种类型的带电轻子共同构成了标准模型的三代轻子家族，因此对中微子基本性质的研究始终离不开带电轻子的参与。与夸克一样，轻子之间也存在味混合效应，甚至可能存在显著的CP破坏效应。我们将在下一章详细讨论轻子的质量起源与味混合问题。表2.2列出了基本粒子物理学中与轻子有关的部分重要发现，以及主要发现者和获得诺贝尔奖的信息。针对中微子的基本性质，其实至少还有下面的问题尚无明确答案：(1)中微子是不是马约拉纳型费米子？(2)中微子是否具有可观测的电磁性质？(3)带电轻子之间是否也会发生轻子味不守恒的

---

[1] 狄拉克中微子本身的电偶极矩为零，但具有微小的磁偶极矩。马约拉纳中微子本身既没有电偶极矩也没有磁偶极矩，这是由它的反粒子等于其自身的属性决定的。

[2] 本书中我们用 ν_i ($i=1,2,3$) 表示中微子的质量本征态，用 ν_α ($\alpha=e,\mu,\tau$) 表示中微子的相互作用本征态（即"味"本征态）。

过程?(4)是否存在不属于标准模型范畴的新型中微子？倘若存在，它们具有哪些独特的性质？

表2.2　与轻子有关的部分重要发现

时间	发现	主要发现者	获诺贝尔奖时间
1897	电子	J. Thomson	1906年
1928	正电子的理论预言	P. Dirac	1933年
1930	中微子假说	W. Pauli	
1932	正电子	C. Anderson	1936年
1933	贝塔衰变的有效场论	E. Fermi	
1936	缪子	C. Anderson	
1956	电子型反中微子	F. Reines，C. Cowan	1995年
1956	弱作用宇称不守恒假说	李政道，杨振宁	1957年
1957	弱作用宇称破坏实验	吴健雄；L. Lederman	
1962	缪子型中微子	L. Lederman，M. Schwartz，J. Steinberger	1988年
1962	中微子混合假说	Z. Maki，M. Nakagawa，S. Sakata	
1967	标准模型	S. Weinberg；S. Glashow；A. Salam	1979年
1975	陶子	M. Perl	1995年
2000	陶子型中微子	DONUT 合作组	

1995年12月,印度物理学家萨尔玛(Kuruganti Sarma)在一篇题为"诺贝尔轻子"(Nobel Leptons)的文章中指出:"三种带电轻子被发现的年份遵从一个有趣的'39年差',这或许意味着第四代带电轻子会在2114年现身。"当时笔者读了该文后立即意识到作者犯了一个低级的算术错误:假如第四代带电轻子果真存在并遵从"39年差"定律的话,它应该会比萨尔玛的预言早100年被发现,即1975+39=2014年,而不是2114年。笔者通过电子邮件提醒萨尔玛注意这个小错误,他回信表达了尴尬之意和感谢之情。后来这个"39年差"被笔者戏称为"萨尔玛—邢"定律,直到2014年它才彻底失效。当然,大多数人并不相信自然界存在第四代轻子或夸克,而它们也从未在实验上被发现。事实上,欧洲核子研究中心的精确实验结果早已表明:质量轻微、拥有标准模型量子数的活性中微子(active neutrino)只有三代。

与已知的三种活性中微子相比,标准模型框架之外的新型中微子也被称作惰性中微子(sterile neutrinos),即不直接参与标准的弱相互作用过程的假想粒子,最初是由意大利物理学家庞缇科夫(Bruno Pontecorvo)在1968年前后提出来的。目前在实验和理论上广受关注的惰性中微子按其质量范围大致可分为如下几种类型:(1)处于电子伏(eV)左右或以下,与较短基线的中微子振荡实验所暗示的"反常"效应相关联,但缺乏理论动机的轻惰性中微子;(2)处于千电子伏(keV)左右,可能作为宇宙的温暗物质候选者的惰性中微子;(3)处于大统一能标以下几个数量级的区域,可能与活性中微子的质量起源以及宇宙的轻子产生机制相关联的超重惰性中微子；(4)处于从千兆电子伏(GeV)到万亿电子伏(TeV)这一可被大型强子对撞机(LHC)以及较低能加速器搜寻的能区,但缺乏明确理论预言或实验暗示的未知惰性中微子。宇宙空间中是否真的存在惰性中微子? 假如存在,它们有几种不同的类型? 它们的质量到底有多大? 它们会与普通中微子发生混合吗?

人们在研究惰性中微子时,通常都假设它们与普通中微子有微小的混合效应,否则它们的存在就无法在标准的弱作用过程中体现出来,而只能通过引力效应表现了,但后者却无法告知相关粒子的非引力特性。惰性与活性中微子的有限混合意味着活性中微子的相互作用态是它们的质量态与惰性中微子的质量态的线性叠加态,于是惰性中微子就可以通过与活性中微子的这一"混合"关系而间接地参与标准的弱相互作用过程,并由此影响后者的相关可探测量。例如,一旦某一类型的活性中微子振荡到实验上无法测量的惰性中微子,那么远点探测器所测量到的该活性中微子的通量就会小于不存在惰性中微子时的理论预期,从而在实验数据上体现为某种"反常"。

惰性中微子经常被称作右手中微子,这种叫法在涉及中微子的马约拉纳质量时是令人困惑的。原因很简单,活性中微子场的左手态的电荷共轭其实具有右手征,故而该左手征的场及其电荷共轭的场就可以构成一个马约拉纳质量项,但这里的右手中微子

"场"其实来自左手中微子"场"的电荷共轭,所以并不是惰性的!简言之,容易造成误解的主要原因是在文献和口语表述中人们往往省略、忽略或者混淆了"中微子"(粒子)与"中微子场"的区别,以及"质量本征态"与"味本征态"的区别。其实即便是通常所谓的"活性"中微子,它们的"右手"场在狄拉克情形也是"惰性"的。

第3章
中微子质量与味混合

3.1 跷跷板与轻子生成机制

标准的电弱统一模型的结构十分简单,它的理论基石包括 $SU(2)_L \times U(1)_Y$ 规范对称性、洛伦兹不变性、可重正化性和希格斯机制。由于标准模型不包含右手征的中微子场,因此无法写出中微子场的狄拉克质量项(即与电子场的质量项类似的项),其要求是左手征和右手征的费米子场与希格斯场通过所谓的汤川相互作用结合在一起,而当上述 $SU(2)_L \times U(1)_Y$ 规范对称性自发破缺成电磁规范对称性时,费米子即可获得有限的质量。另一方面,由于标准模型只包含一个希格斯场的二重态,故而也无法利用左手征的中微子场及其电荷共轭场(后者其实具有右手征)写出满足规范对称性但破坏轻子数守恒的马约拉纳质量项。此外,可重正化的标准模型不允许存在维度等于或大于5的有效算符,这一点也排除了构造有效的马约拉纳质量项的可能性。

为了赋予中微子以微小的质量,可以对标准模型作有限的修改和扩充。毫无疑问,在不放弃理论的规范对称性、洛伦兹不变性和可重正化性等量子场论基本要求的情况下，引入右手征的中微子场是最简单、最经济的途径。尽管利用左手征和右手征的中微子场以及希格斯场很容易构建出人们熟悉的狄拉克质量项，但如此这般却无法解释为什么中微子的质量远远小于如出一辙的电子的质量。不仅如此，右手征的中微子场是SU（2）$_L$群的单态，因此这样的场及其电荷共轭场（后者其实具有左手征）原则上可以构成一个不破坏规范对称性，但破坏轻子数守恒的马约拉纳质量项。后者的合理性是不言而喻的，除非将轻子数守恒作为一个强制性的先决条件加以运用。当把上述狄拉克质量项和马约拉纳质量项合二为一，并要求后者的质量标度远远高于费米能标（即电弱统一理论所在的能标）时，便可以推导出相关轻和重的中微子的质量本征态——它们都满足马约拉纳费米子场的条件，即反粒子场等于其自身！这一通过引入相对于费米能标而言特别重的自由度来产生并压低已知的活性中微子的质量的思想，就是著名的跷跷板（see-saw）机制。之所以称之为跷跷板机制，是因为费米能标充当了支点的作用，而重自由度将跷跷板的一端压下去，翘起来的另一端自然代表由此产生了微小质量的轻自由度。

跷跷板机制的雏形可以追溯到1975年秋天，当时弗里奇、盖尔曼以及瑞士理论物理学家闵可夫斯基在一篇三人合作的论文的脚注中提到了这一产生微小中微子质量的有趣想法。简单说来，跷跷板机制的数学形式就是 $m=v^2/M$ 的关系式，若取 $v=10^2$ GeV 作为费米能标、$M=10^{14}$ GeV 作为重自由度所在的能标，则可得到左手征

的中微子的质量 m=0.1 eV。两年之后，闵可夫斯基独自发表了一篇详细讨论跷跷板机制的论文。1979 年，日本理论物理学家柳田勉（Tsutomu Yanagida）、美国物理学家格拉肖（Sheldon Glashow）以及盖尔曼与其合作者先后在大统一理论的框架内探讨了如何利用跷跷板机制产生中微子质量的可能性。此后，这一基本思路成为构造马约拉纳型中微子质量模型的最典型途径，而它的一些变种也应运而生。

不得不承认的是，跷跷板机制只能定性地解释为什么已知的三种中微子可以得到微小的质量，却不能定量地预言相关质量的具体数值。但该机制之所以受到众多理论物理学家的追捧，还有一个重要原因：其中质量足够大的马约拉纳中微子若在宇宙早期发生轻子数不守恒和 CP 对称性破坏的衰变过程，就有可能造成宇宙的轻子数不对称；后者随着宇宙的膨胀和冷却可以通过电弱反常过程转化为宇宙的重子数不对称，进而解释可观测宇宙的重子与反重子不对称现象，即可以回答为什么我们今天生活在物质世界而不是反物质世界这样一个令人费解也令人着迷的基本问题。这一利用中微子质量起源的跷跷板机制来达到早期宇宙"轻子生成"（leptogenesis）的目的，即"一石二鸟"，从而实现宇宙的"重子生成"（baryogenesis）的机制，是由日本物理学家福来正孝（Masataka Fukujita）和柳田勉在 1986 年提出来的。

其实早在 1933 年的诺贝尔物理学奖颁奖典礼上，狄拉克就对

宇宙中物质与反物质之间的可能对称性作了如下预言:

> 如果我们在研究自然界的基本物理规律时接受粒子与反粒子完全对称的观点,我们就必须认定地球上乃至整个太阳系主要包含电子和质子的事实纯属偶然。很有可能在一些其他的星球上情况正好相反,即这些星球主要是由正电子和反质子构成的。实际情况也许是,半数的星球由物质组成,而另外半数的星球由反物质组成。这两类星系的光谱完全相同,目前的天文观测手段无法区分它们。

狄拉克的这番话代表了一种新宇宙观的诞生:整个宇宙包含等量的物质与反物质,而两者之间是严格对称的。

但是后来的天文学观测并不支持狄拉克的预言。探测宇宙中的反物质有两种途径。其一,如果存在反物质组成的星系,就应该能够在宇宙线中观测到反质子和反原子核,就像我们观测宇宙线中存在的质子和原子核一样。然而,天文学家们从未在宇宙线中发现反原子核。虽然我们在宇宙线中观测到了正电子、反质子和反中子,但这些反粒子实际上是通过质子或原子核与星系气体以及地球大气层相碰撞而产生的,它们的数量与理论计算相符。其二,在宇宙空间中物质与反物质彼此相接的区域,质子和反质子的湮灭反应一定会发生,从而产生若干带电及中性的 π 介子。这些 π

介子最终衰变为伽马光子、电子、正电子、中微子和反中微子。其中伽马光子的谱线很特别，其能量应在150 MeV附近取最大值。可是天文学观测并没有发现这种特殊的伽马光子能谱。因此物理学家和天文学家得出结论：半径大约为100亿光年的可观测宇宙基本上并不含有原初反物质，即其整体上并不存在物质与反物质的对称性。换句话说，宇宙中的重子与反重子不对称确实存在（今天的可观测宇宙中原初质子和中子的数目大约各为10^{80}，而原初反质子和反中子的数目均为零），尽管它们在宇宙大爆炸之初理应是成对或等量产生的。

苏联氢弹之父萨哈罗夫（Andrei Sakharov）曾在1967年指出，宇宙的重子与反重子不对称可能并不依赖于大爆炸的初始条件，而是从开始的完全对称状态通过动力学过程演变成后来的完全不对称状态。实现这样的动力学演变需要三个必要条件：重子数破坏、CP对称性破坏和宇宙偏离热平衡。标准的电弱统一理论原则上满足前两个条件，但它却无法定量地解释可观测宇宙的重子数不对称之谜。究其原因，主要有两点：第一，由于除了顶夸克以外的其他五种夸克的质量都远远小于电弱相变的临界温度，所以标准模型所能提供的与宇宙的重子数不对称相关的CP破坏效应太小；第二，由于希格斯粒子的质量较大（为125 GeV，明显大于45 GeV——产生足够强的一级相变所要求的希格斯质量的上限），这意味着电弱相变的强度有限，因此电弱反常的轻子数加重子数不守恒过程会始终很强烈，从而冲刷掉重子与反重子之间的不对称。毫无疑问,合理解释可观测宇宙的物质与反物质不对称现象需要超越标准模型的新物理,而中微子质量起源的跷跷板机制恰好可以提供"一石二鸟"的新物理效应,其中的重自由度成为宇宙的轻子生成与重子生成的源头。但如何通过实验来检验这类高能标的物理机制是否真的有效呢?这对于粒子物理学和宇宙学而言,仍然是一个悬而未决的难题。在某种意义上,宇宙学如同考古学一般,借助"化石"的寻找来追本溯源,难免困难重重而且存在诸多不确定性。

3.2 中微子的质量谱

由于几类现实可行的中微子振荡实验只对中微子的质量平方差敏感[①],因此迄今为止我们只知道三种中微子的质量是互不简并的,但对中微子的绝对质量仍旧知之有限。测量中微子质量本身的实验主要有如下三类,目前都只能给出中微子质量的上限而已。

第一类,贝塔衰变实验。费米早在1934年左右就指出,中微子的有限质量会改变贝塔衰变末态电子能谱的端点行为,使之与中微子没有质量的情形相比发生微小的形变,后者的大小是由电子

---

① 通常的振荡实验研究的都是中微子与中微子(或者反中微子与反中微子)之间的味转化行为,故而轻子数是守恒的,振荡过程对中微子的绝对质量和可能的马约拉纳CP相位都不敏感。中微子与反中微子之间的振荡在理论上是可行的,而且这样的轻子数不守恒过程对中微子的绝对质量和马约拉纳CP相位都很敏感,但其发生的概率极其微小,因此无法设计任何现实可行的实验来开展相关的测量。

型反中微子的有效质量$<m>_e$决定的,而有效质量本身依赖于三种中微子的质量值以及与电子"味"相关的中微子混合矩阵元U_{ei}($i=$1,2,3)的大小。具体而言,

$$<m>_e = \sqrt{m_1^2 \left|U_{e1}\right|^2 + m_2^2 \left|U_{e2}\right|^2 + m_3^2 \left|U_{e3}\right|^2}$$

迄今为止,最精确的实验测量所给出的$<m>_e$上限约为2 eV。新一代的德国KATRIN贝塔衰变实验已于2018年6月开始运行取数,它的物理目标在于测量${}_1^3H \rightarrow {}_2^3He + e^- + \bar{\nu}_e$衰变末态电子能谱的端点,预期最终将达到$<m>_e \sim 0.2$ eV的实验灵敏度。

第二类,无中微子的双贝塔衰变实验。这类实验除了要回答中微子是不是马约拉纳粒子这样的基本问题,还可以限制甚至确定中微子的绝对质量。与双贝塔衰变反应${}_Z^AN \rightarrow {}_{z+2}^AN + 2e^- + 2\bar{\nu}_e$末态两个电子的连续能谱相比,轻子数不守恒的${}_Z^AN \rightarrow {}_{z+2}^AN + 2e^-$过程末态两个电子的能谱是离散谱。由于后者的反应概率极低,因此寻找无中微子的双贝塔衰变信号就好像是在双贝塔衰变之"海"中捞针一般,具有极大的挑战性。目前实验上主要关注的是${}_{32}^{76}Ge \rightarrow {}_{34}^{76}Se + 2e^-$衰变、${}_{54}^{136}Xe \rightarrow {}_{56}^{136}Ba + 2e^-$衰变以及${}_{52}^{130}Te \rightarrow {}_{54}^{130}Xe + 2e^-$衰变等过程,但是还没有发现任何令人信服的信号。近年来日本的KamLAND-Zen实验、美国的EXO与MAJORANA实验、加拿大的SNO+实验、欧洲的GERDA和CUORE等实验相继取得了长足进展,而中国的CDEX和PANDAX等寻找暗物质的实验也正朝着探

测无中微子的双贝塔衰变过程的方向努力。

与贝塔衰变不同,无中微子的双贝塔衰变的反应概率依赖于电子型中微子的另一个有效质量$<m>_{ee}$,后者是由三种中微子的质量、与电子"味"相关的中微子混合矩阵元的大小以及相应的马约拉纳CP相位共同决定的。具体而言,

$$<m>_{ee} = m_1 U_{e1}^2 + m_2 U_{e2}^2 + m_3 U_{e3}^2$$

注意复矩阵元$U_{ei}(i=1,2,3)$含有马约拉纳CP相位,它们的存在意味着$<m>_{ee}$的三个分量有可能彼此相消,结果导致$<m>_{ee}$很小甚至等于零。但进一步的研究表明,当三种中微子的质量呈现倒等级($m_3 < m_1 < m_2$)时,$|<m>_{ee}|$的下限约为0.1 eV;而在中微子的质量谱为正等级($m_1 < m_2 < m_3$)的情况下,有一定的参数空间允许$|<m>_{ee}| < 1$ meV,甚至趋于零。目前实验给出的上限约为$|<m>_{ee}| < 0.3$ eV,当然这样的限制具有显著的不确定性,主要来自理论上计算无中微子双贝塔衰变的原子核跃迁矩阵元时所产生的较大误差。

第三类,宇宙学观测。尽管中微子的质量极其微小,但由于它们的数目巨大,仍然可以影响宇宙的演化行为。具体而言,中微子在宇宙从辐射主导的时代过渡到物质主导的时代的过程中,其种类和质量会影响宇宙微波背景辐射各向异性和大尺度结构形成的细节行为。因此以WMAP和PLANCK等卫星实验为代表的精确宇

宙学测量为限制中微子的质量之和提供了前所未有的机会。目前以 PLANCK 为主的最新宇宙学限制为 $\Sigma_\nu = m_1 + m_2 + m_3 < 0.12 \text{ eV}$（该结果处在95%的置信度水平），当然这样的数值结果也不可避免地依赖于宇宙学观测数据的选取和模型参数的输入值。但无论如何，宇宙学的观测结果给出了迄今为止关于中微子质量的最强限制。下一代的宇宙学观测项目甚至有望将对中微子质量的灵敏度提升到十几毫电子伏（meV）的水平，从而达到分辨中微子的质量等级的目的：在倒等级的情况下，中微子质量和 Σ_ν 的下限约为 0.1 eV；而在正等级的情况下，Σ_ν 的下限约为 0.05 eV。

基于目前所获取的各种中微子振荡实验数据及其整体拟合结果，可以画出上述三种与中微子质量直接相关的可观测量之间的关联示意图，如图 3.1 所示，其中输入了中微子质量平方差（$\Delta m_{21}^2 \equiv m_2^2 - m_1^2$ 和 $\Delta m_{31}^2 \equiv m_3^2 - m_1^2$）和混合角（$\theta_{12}$ 和 θ_{13}）在 3σ 置信度的取值范围，而与 $|<m>_{ee}|$ 相关的未知CP相位则允许取任意值。由此可

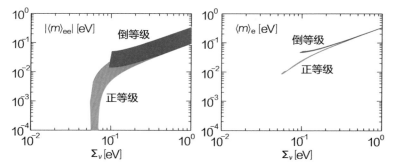

图 3.1　三种与中微子质量及其等级性相关的可观测量之间的关联示意图，其中输入了目前已知的中微子振荡实验数据（取 3σ 置信范围）。

见，对应中微子质量谱的正等级或倒等级情形，可观测量 $<m>_e$、$|<m>_{ee}|$ 和 Σ_ν 的参数空间存在比较明显的差异。相比较而言，$|<m>_{ee}|$ 的不确定性最大。除非其他类似但独立的有效质量项 $|<m>_{\alpha\beta}|$（$\alpha,\beta=e,\mu,\tau$）也被测量——目前还没有任何现实可行的实验途径，否则 CP 相位造成的 $|<m>_{ee}|$ 的不确定性总是存在的。

现在基本可以肯定的是，中微子的绝对质量一定小于 1 eV。由于电动力学的巨大成功，三种带电轻子的"极点质量"（pole mass），即对应其传播子的质量，已经被测量得十分精确。在6种夸克之中，顶夸克的寿命太短，因而无法发生强子化，实验上测得的也是它的极点质量。相比之下，其他5种夸克的质量只能通过测量它们各自所形成的强子的质量来提取，而这需要借助夸克模型和量子色动力学计算技术，因此其数值对应的是相应能标附近的所谓"跑动质量"（running mass）[1]。参考粒子数据组（Particle Data Group）给出的费米子质量数值，再利用重正化群方程组将这些结果统一到电弱对称性自发破缺的能标（或者任意一个公共的能标），就可以比较它们之间的异同了。在假设三种中微子的质量谱具有正等级的情况下[2]，振荡实验所确定的中微子质量平方差有助

---

① 轻夸克通过汤川相互作用而获得的质量也叫做"流质量"（current mass），后者的数值也依赖具体的能标，因此与"跑动"质量是等价的。

② 最新的中微子振荡实验数据整体拟合的结果在 3σ 的置信度下支持中微子的质量为正等级。按照国际高能物理学界的惯例，置信度在 3σ 以下的测量结果叫做"迹象"（hint），置信度处于 3σ 和 5σ 之间的测量结果叫做"证据"（evidence），而超过 5σ 的实验结果才被称为"发现"（discovery）。

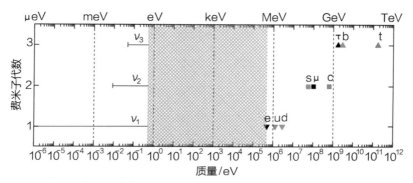

图3.2　轻子和夸克在电弱统一能标附近的质量谱，其中假设了中微子质量的正等级。

于我们推算出它们的绝对大小的范围。图3.2显示的是在电弱能标附近12种基本费米子的质量谱，从中可以读取如下一些重要信息。

首先，相同电荷的带电费米子的质量谱呈现出明显的等级(hierarchy)相似性，即第一代最轻、第三代最重，而且差异明显。具体而言，电子质量与缪子质量之比约为5%左右，下夸克与奇异夸克的质量之比大致在同一数量级，但上夸克与粲夸克的质量之比则为0.2%左右。同样地，第二代与第三代带电费米子的质量比值具有类似的数量级。这种强烈的等级差异是"味"物理学的谜团之一：既然电荷相同的费米子具有相同的规范量子数，为什么它们的"体重"如此不同？另一方面，电子和质子分别是自然界最轻的带电轻子和重子，电荷守恒和重子数守恒保证了它们的稳定性，进而保证了氢原子的稳定性。但上夸克为什么比下夸克轻一点，这仍然需要一个更基本的理论解释。

其次，中微子的质量远远小于它们的带电伙伴的质量，甚至其中一种中微子的质量可能非常接近零。如此微小的中微子质量意味着其起源机制一定不同于带电费米子的质量起源机制。倘若中微子是马约拉纳型费米子（即反粒子等于其自身的费米子），那么它们通过著名的跷跷板机制可以自然地获得微小的质量，而这意味着轻子数不守恒和某些未知的重自由度的存在。但如何检验此类机制仍旧是一个重大挑战，原因在于重自由度的质量很可能远高于大型强子对撞机实验可以触及的能标，而且重自由度与已知带电粒子的耦合强度可能很小，导致了实验上产生和探测这些假想粒子的概率极低，甚至完全不可能。另一方面，在TeV能标附近构建的跷跷板模型虽然原则上可以避免上述的实验"可检验性"（testability）问题，但却同时面临着理论的"自然性"（naturalness）和参数"微调"（fine-tuning）等问题。

再次，图3.2还显示出中性费米子（即中微子）和带电费米子质量之间一个跨度达6个数量级的差异，被称为"味沙漠"（flavor desert）。这一"沙漠"的存在使得整个费米子质量谱呈现出中间断裂的迹象，或许也表明中微子的质量起源的确与带电轻子和夸克的质量起源很不相同。毫无疑问，单靠汤川相互作用是无法理解这样奇特的质量谱的。有人猜测，在"味沙漠"的中央地带可能存在质量约为keV量级的惰性中微子。引入这类keV质量的惰性中微子的主要物理动机在于,它们可以作为宇宙空间中可能存在的"温暗物质"(warm dark matter)的候选者。由于质量介于"热暗物质"(hot dark matter)和"冷暗物质"(cold dark matter)之间,"温暗物质"对宇宙的演化行为和大尺度结构的形成所起的作用也有其特殊性。迄今为止,理论上唯一可以确定的是"热暗物质"粒子,它们就是弥漫在整个宇宙空间的背景中微子,也被称为宇宙大爆炸的残余中微子(relic neutrinos)。另一方面,我们对可能的"温"和"冷"暗物质粒子的性质一无所知,而对这些假想粒子的研究则属于"暗味"(dark flavor)物理学的范畴,是超越标准模型的另一个新领域。

需要强调的是,目前几乎所有理论(包括标准模型和各种新物理模型)对费米子质量起源的解释都是定性的,即便是诸如 SU(5) 和 SO(10) 等大统一理论模型也只不过建立了轻子和夸克之间的若干质量关系而已,因此基本费米子的质量值不得不依赖实验测量。未来能否在"味"动力学方面取得突破性的理论进展,即能否从第一性原理出发预言轻子和夸克的质量数值,这依然是基本粒子物理学面临的最大难题之一。

3.3 轻子和夸克的味混合

在标准模型的框架之内,不同夸克之间的味混合现象之所以会出现,其本质原因是携带相同电荷的夸克场同时与规范场和标量场发生相互作用。这种不可调和的"三角关系"使得夸克的"质量本征态"不等于其"味本征态"(即"相互作用本征态"),两者之间的"不匹配"(mismatch)在取质量本征基的情况下以一个 3×3 幺正矩阵的方式体现在带电流弱相互作用中,即著名的 CKM 夸克混合矩阵:这里 C 代表的是在 1963 年率先明确提出了夸克混合概念的意大利理论物理学家卡比堡(Nicola Cabibbo);而 K 和 M 则分别代表了在 1973 年率先预言三代夸克的存在并提出标准电弱统一模型的 CP 破坏机制的日本理论物理学家小林诚(Makoto Kobayashi)和益川敏英(Toshihide Maskawa),两人为此荣获了 2008 年的诺贝尔物理学奖。在三维"味"空间,CKM 矩阵可以用三个混合角和一个 CP 不守恒相位来参数化,譬如

$$
\begin{bmatrix} 1 & 0 & 0 \\ 0 & \cos\theta_{23} & \sin\theta_{23} \\ 0 & -\sin\theta_{23} & \cos\theta_{23} \end{bmatrix}
\begin{bmatrix} \cos\theta_{13} & 0 & \sin\theta_{13} \\ 0 & e^{-i\delta} & 0 \\ -\sin\theta_{13} & 0 & \cos\theta_{13} \end{bmatrix}
\begin{bmatrix} \cos\theta_{12} & \sin\theta_{12} & 0 \\ -\sin\theta_{12} & \cos\theta_{12} & 0 \\ 0 & 0 & 1 \end{bmatrix}
$$

其中相位 δ 的位置可以有一定的灵活性,只要保证整个矩阵的幺正性即可。夸克混合角的大小描述了不同夸克之间相互转化的强度,即物质之间在微观层次上的转化强度,因此具有十分基本的物理意义。目前实验测得的夸克混合角的数值结果约为 $\theta_{12} \approx 13°$、$\theta_{13} \approx 0.2°$ 和 $\theta_{23} \approx 2.4°$。另外,实验上也已经观测到了 K 介子与 B 介子系统的 CP 破坏效应,并得以用 $\delta \approx 73.5°$ 很好地解释。

对标准模型做简单、合理的扩充之后,便可以引入中微子质量

项。在这种情况下，携带相同电荷的轻子场会同时与规范场和标量场发生相互作用，导致弱相互作用的带电流部分出现与夸克类似的味混合效应。值得注意的是，带电轻子和中微子的 3×3 味混合矩阵，即著名的 PMNS 矩阵，在低能标不一定是幺正矩阵[①]，这一点与夸克的情形很不相同。但无论如何，目前的实验限制表明，PMNS 矩阵即便存在幺正性破缺，其效应也不会超过 1%，因此不妨暂时假设它是严格幺正的，并用以分析中微子振荡实验数据。由于中微子振荡本身与带电轻子无关，故而不妨不失一般性地取后者的"质量本征态"等价于其"味本征态"，于是中微子的"味本征态"（ν_e、ν_μ、ν_τ）就等于 PMNS 矩阵乘以其"质量本征态"（ν_1、ν_2、ν_3）。再考虑到中微子振荡对马约拉纳 CP 相位完全不敏感的事实，PMNS 矩阵可以取与上面的 CKM 矩阵完全相似的参数化方案，也包含三个味混合角和一个所谓的狄拉克 CP 相位。

上文中的缩写 PMNS 指的是率先提出中微子之间味转化思想的四位理论物理学家：P 代表意大利费米学派的庞缇科夫；MNS 分别代表日本名古屋学派的牧二郎（Ziro Maki）、中川昌美（Masami Nakagawa）和坂田昌一（Shoichi Sakata），其中坂田教授是该学派的灵魂人物。1957 年，就在电子型反中微子被发现以及中微子的二分量理论问世后不久，庞缇科夫假设中微子可能是有质量的马约拉纳型费米子，因此电子型中微子及其反粒子之间有可能发生相

---

① 例如在传统的跷跷板机制中，轻与重的中微子态之间的略微混合效应会导致轻中微子与带电轻子之间的 3×3 味混合矩阵略微偏离严格的幺正性。

互转化。1962年,缪子型中微子在实验上被发现后,坂田昌一领导的课题组马上就指出电子型和缪子型中微子之间可能发生味混合效应,其前提也是中微子必须具有互不简并的静止质量。1968年,庞缇科夫基于坂田昌一等人的味混合思想首次尝试推导了一种类型的中微子转化成另一种类型的振荡公式,后者对后来的中微子振荡理论和实验的发展具有里程碑意义。

迄今为止,一系列成功的中微子振荡实验使得测量三个轻子混合角的大小成为可能,而且获得了有关CP不守恒相位的初步信息。具体做法是针对各类不同振荡实验数据作整体拟合,从而限定中微子的质量平方差、味混合角和CP相位等参数的空间。这一分析技术最早是由意大利物理学家福利(Gialuigi Fogli)和利西(Eligio Lisi)引入中微子振荡唯象学的,如今已成为具有一定预言能力的可靠分析工具。基于目前的实验数据和整体拟合结果,可以得到三个轻子混合角的中心值分别约为 $\theta_{12} \approx 34°$、$\theta_{13} \approx 8.5°$ 和 $\theta_{23} \approx 48°$。图3.3对轻子和夸克的味混合角作了更加具体的比较。

首先,三个夸克混合角都很小的事实或许意味着它们与很强的夸克质量等级性有着相当直接的关联。例如,从图3.2可以看出,下夸克与奇异夸克质量比值的平方根就约等于最大的夸克混合角的正弦值,$\sin \theta_{12}^q \approx \sqrt{m_d/m_s}$;而上夸克与顶夸克质量比值的平方根差不多与最小的夸克混合角处在同一个数量级,$\theta_{13}^q \sim \sqrt{m_u/m_t}$。由于CKM矩阵来自两个么正变换矩阵——分别用来对角化电荷等

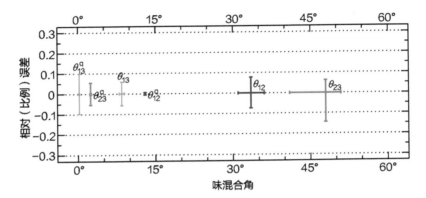

图3.3 轻子和夸克的味混合角比较,其中夸克混合角以上标"q"区分,轻子混合角的取值仅限于中微子质量的正等级情况;每个混合角取值点的水平方向代表它的测量拟合值及其误差范围,竖直方向代表相对误差范围。

于+2/3的夸克质量矩阵和电荷等于−1/3的夸克质量矩阵——的乘积,因此夸克混合角以一种简单的数学方式依赖于夸克质量比值是自然而合理的。在这方面,最典型的例子就是弗里奇于1978年提出的3×3夸克质量矩阵的"零"结构模型(不同电荷的夸克质量矩阵中的某些矩阵元等于零或者非常小,这使得建立夸克质量比值与混合角之间的直接关系成为可能)。

相比之下,轻子混合角的数值要大得多。由于带电轻子的质量谱也具有很强的等级性,可以预期它们的比值对混合角的贡献应该很有限。在这种情况下,要么中微子质量的比值对混合角的贡献起主导作用,要么混合角的取值由某种味对称性支配,基本不依赖带电轻子和中微子的质量比值。两种可能性对应不同的模型构造途径,也和中微子质量起源的具体机制密切相关。无论如何,轻子与夸克混合模式的显著不同需要更深层次的理论解释。

特别值得强调的是,最大的轻子混合角 θ_{23} 处在 45°附近,而目前针对中微子振荡实验数据的整体拟合结果也倾向于狄拉克CP相位 δ 处于 270°附近。两者结合在一起则意味着PMNS轻子混合矩阵第二排的三个元素的大小分别近似等于第三排的三个元素的大小。从质量矩阵的层面来看,取带电轻子的质量矩阵为对角矩阵,那么中微子的质量矩阵一定具有某种特殊的结构,或许与 ν_μ 和 ν_τ 中微子之间的某种离散对称性有关。而从通过轻子生成机制来解释可观测宇宙的物质与反物质不对称的角度来说,低能标的轻子混合矩阵中存在显著的CP破坏相位无疑是一个利好消息,尽管高能标的重自由度及其衰变所涉及的CP不守恒效应不一定与PMNS矩阵中的 $\delta \sim 270°$ 直接关联。正如日本理论物理学家村山齐(Hitoshi Murayama)曾经指出的那样,倘若低能标的中微子振荡实验得以测量CP破坏效应,同时无中微子的双贝塔衰变实验得以确认中微子的马约拉纳属性,那么面对诸如此类的"化石",我们作为早期宇宙的"考古学家"将有理由对跷跷板和轻子生成机制抱以更大的信心[1]。

---

① 但我们不得不承认,即便中微子是马约拉纳型费米子,想要探测另外两个CP破坏相位也是极其困难的,因为它们与轻子数不守恒密切相关,对通常的中微子振荡过程完全不敏感。

考虑到中微子质量起源的特殊性，轻子味混合模式与夸克味混合模式的明显差异很可能与中微子的"味"结构密切相关。在大统一理论的具体模型构造中，借助合适的味对称群，也有可能将夸克和轻子的味混合参数关联起来。这方面虽有一些尝试，但还没有特别成功的范例。毫无疑问，理论上亟需取得重要的突破，从而深化我们对"味"动力学的理解。从实验测量的角度来看，未来的中微子振荡实验将进一步降低轻子混合角的误差，确定 θ_{23} 对 $45°$ 偏离的大小和方向，尤其是测定 CP 相位 δ 的数值。

最后值得一提的是，弗里奇教授与笔者（见图3.4）曾在1995年9月基于轻子的 S(3) 离散味对称性及其破缺机制，首次预言了轻子

图3.4　2001年9月27日，弗里奇教授与笔者在德国小城班堡召开的纪念海森伯诞辰100周年的会议期间讨论中微子质量与轻子味混合问题。摄影：荷兰物理学家、1999年诺贝尔物理学奖得主韦尔特曼（Martinus Veltman）。

的味混合模式包含两个大角、一个小角和几乎最大限度的CP不守恒效应。我们得到的具体数值结果如下：$\theta_{12} \approx 42°$、$\theta_{13} \approx 4°$、$\theta_{23} \approx 52°$和$\delta \approx \pm 90°$。尽管这些结果与目前的实验测量值有明显的偏差，我们当时却定性和半定量地走在了正确理解轻子味混合的路上，而且比1998年的日本超级神冈大气和太阳中微子振荡实验首次给出$\theta_{12} \sim \theta_{23} \approx 45°$的惊人结果早了近两年半。如今针对轻子和夸克"味"动力学的理论研究工作虽然很多，但主要还是像我们当初一样采取自下而上（bottom-up）的唯象学途径，尽管自上而下（top-down）的各种理论模型构造尝试也一直在进行。但正如意大利著名画家和科学家达·芬奇（Leonardo da Vinci）所强调的那样："尽管自然以动因为起点，以经验为终结，但我们必须反其道而行之，即从经验出发，进而研究自然之理。"

第4章
大气与太阳中微子振荡

4.1 中微子振荡简介

中微子振荡是一种奇特的量子相干现象,可以周期性地把一种类型的中微子转化成另外一种类型。由于中微子混合效应,从某一弱相互作用过程产生出来的、具有确定"味"的中微子或者反中微子(ν_e、ν_μ、ν_τ 或者其反粒子)是三个波包(对应三种中微子或者反中微子的质量本征态)的线性组合。当中微子在空间传播时,这些波包会发生建设性或破坏性的相干,使得最初的中微子类型逐渐消失又重新产生,周而复始。只有在三个波包具有不同质量且探测器的能量分辨率不足以区分不同的质量态的前提下,上述量子相干效应才有可能出现。换句话说,中微子振荡的必要条件是中微子具有互不相等的微小质量并且发生了味混合。依照量子力学的基本原理,实验观测到的是一个粒子本身而不是它的物质波。因而探测中微子利用的是它的弱相互作用的性质而不是它的自由传播的性质。对一个具体的观测事件而言,只有三种可能性:所测量到的是电子型(反)中微子,或者是缪子型(反)中微子,或者是陶子型(反)中微子,但绝不是它们的某种线性组合。所以中微子振荡实验旨在探测一种中微子从产生开始,传播一段距离之后转化成另一种中微子的概率,或者仍旧保持为原有类型的概率。无论哪一种情形,概率的大小都依赖于中微子束流的能量、传播距离、中微子的质量平方差以及味混合参数。

尽管庞缇科夫早在1968年就曾尝试推导中微子振荡的概率公式,但当代意义上的公式推导首先是由弗里奇与闵可夫斯基在1976年完成的。整个中微子振荡过程可以分为 ν_α 型中微子的产生、中微子质量本征态 ν_i 的传播和 ν_β 型中微子的探测三部分(希腊字母下标代表电子、缪子或陶子"味"指标,而拉丁字母下标可取1,2,3等质量态指标),其中味本征态与质量本征态之间的关联是由PMNS味混合矩阵 U 来描述的,后者包含味混合角和CP破坏相位等基本参数。第一部分通过带电流弱相互作用 $W^+ + \alpha \rightarrow \nu_\alpha$ 实现,对应的味混合系数为 $U_{\alpha i}^*$;第三部分则通过带电流弱相互作用 $\nu_\beta \rightarrow W^+ + \beta$ 实现,相应的味混合系数为 $U_{\beta i}$;两者之间的中微子质量本征态 ν_i 传播过程在平面波近似下依赖一个相位因子 $\exp(-\mathrm{i}\, m_i^2 L/2E)$,其中 m_i 为第"i"种中微子的质量、$E \gg m_i$ 为中微子束流的平均能量、L 为中微子源到探测器的距离(即基线长度)。于是中微子振荡的概率公式在真空中以及自然单位制下可以表达为

$$P(\nu_\alpha \rightarrow \nu_\beta) = \left| \sum_i U_{\alpha i}^* \exp\left(-\mathrm{i}\frac{m_i^2 L}{2E}\right) U_{\beta i} \right|^2$$

更为具体的表达式依赖于中微子的质量平方差 $\Delta m_{ji}^2 \equiv m_j^2 - m_i^2$。反中微子振荡的概率公式 $P(\overline{\nu}_\alpha \to \overline{\nu}_\beta)$ 可由上式直接读出，只需做 $U \to U^*$ 的替换。

考虑到探测器对不同种类、不同能量的中微子束流的鉴别能力不同，通常把中微子振荡分为两类：一种是"出现"（appearance）型振荡，即 $\beta \neq \alpha$，探测器可以直接确认从 ν_α 到 ν_β 的味转化；另一种是"消失"（disappearance）型振荡，即 $\beta = \alpha$，探测器只能确认 ν_α 中微子数目的减少。目前实验上观测到的太阳中微子振荡（$\nu_e \to \nu_e$）和反应堆反中微子振荡（$\overline{\nu}_e \to \overline{\nu}_e$）都属于"消失"型振荡；大气中微子振荡主要也是"消失"型振荡（$\nu_\mu \to \nu_\mu$ 和 $\overline{\nu}_\mu \to \overline{\nu}_\mu$）；而加速器中微子振荡既可以是"出现"型振荡（如 T2K 和 NOνA 实验，$\nu_\mu \to \nu_e$），也可以是"消失"型振荡（如 K2K 和 MINOS 实验，$\nu_\mu \to \nu_\mu$）。

值得一提的是，在只包含 ν_e 和 ν_μ 的"二味"中微子混合与振荡的框架内，相应的"消失"和"出现"型振荡概率的公式可以简化为：

$$P(\nu_\mu \to \nu_\mu) = P(\nu_e \to \nu_e) = 1 - \sin^2 2\theta \sin^2 \frac{1.27 \Delta m^2 L}{E}$$

以及

$$P(\nu_\mu \to \nu_e) = P(\nu_e \to \nu_\mu) = \sin^2 2\theta \sin^2 \frac{1.27 \Delta m^2 L}{E}$$

其中,θ 为"二味"中微子混合角;Δm^2 为质量平方差(单位:eV^2);L 为实验的基线长度(单位:km);E 代表中微子束流的平均能量(单位:GeV)。在给定束流能量和基线长度的前提下,对中微子振荡概率的测量可以限定由 $\sin^2 2\theta$ 和 Δm^2 构成的二维参数空间。由于"二味"情形对 CP 相位不敏感,因此相应的反中微子振荡公式与上面的表达式完全相同。考虑到大气和太阳中微子振荡实验数据分别确定的质量平方差 $\Delta m_{31}^2 \approx \pm 2.4 \times 10^{-3}$ eV^2 与 $\Delta m_{21}^2 \approx 7.5 \times 10^{-5}$ eV^2 存在约 30 倍的等级性,以及大亚湾实验测定的中微子混合角 $\theta_{13} \approx 8.5°$ 明显偏小的事实,"二味"近似确实可用于大致理解目前已知的绝大部分中微子或反中微子振荡现象。

利用上述"二味"中微子振荡公式,可以估算出基于太阳、大气、反应堆和加速器的振荡实验对中微子质量平方差的敏感区域,如表 4.1 所示。需要注意的是,能量较高的太阳中微子振荡行为主要由物质效应决定,因此对应的中微子质量平方差处于 $\Delta m_{21}^2 \approx 7.5 \times 10^{-5}$ eV^2 的区域。

其实,绝大多数现实的中微子振荡现象都不免受到物质效应的影响。当中微子束流在物质中传播时,ν_e、ν_μ、ν_τ 三种类型的中微子(或者它们的反粒子)都会与物质中的电子、质子和中子发生中性流弱相互作用,而 ν_e(或 $\bar\nu_e$)还会与物质中的电子发生带电流弱相互作用,如图 2.1 所示。由于三种中微通过 Z^0 玻色子与物质发生弹性散射反应的截面总是相同的,因此相应的物质效应不会影响

表4.1　在真空中,不同类型的振荡实验所对应的中微子或反中微子
种类、典型能量、基线长度,以及对中微子质量平方差的敏感区域

中微子/ 反中微子源	中微子/ 反中微子类型	典型能量	基线长度	质量 平方差
太阳	ν_e	~1 MeV	~1.5 × 10⁸ km	~10⁻¹¹ eV²
大气	ν_e, ν_μ, $\bar{\nu}_e$, $\bar{\nu}_\mu$	~1 GeV	~10⁴ km	~10⁻⁴ eV²
反应堆(短基线)	$\bar{\nu}_e$	~1 MeV	~1 km	~10⁻³ eV²
反应堆(长基线)	$\bar{\nu}_e$	~1 MeV	~10² km	~10⁻⁴ eV²
加速器(短基线)	ν_μ, $\bar{\nu}_\mu$	~1 GeV	~1 km	~1 eV²
加速器(长基线)	ν_μ, $\bar{\nu}_\mu$	~1 GeV	~10³ km	~10⁻³ eV²

中微子的振荡行为。但电子型中微子或反中微子通过 $W^\pm$ 与物质中
的电子发生的向前相干弹性散射(coherent forward scattering)过程
则会修正真空中的中微子振荡行为,此即物质效应。以"二味"中
微子混合与振荡为例,在考虑物质效应的情形下,上面振荡概率公
式中的 θ 和 Δm^2 要换成有效的味混合角 $\tilde{\theta}$ 和有效的质量平方差
$\Delta\tilde{m}^2$。两套参数之间的解析关系为:

$$\Delta\tilde{m}^2 = \sqrt{\left(\Delta m^2\cos 2\theta - A\right)^2 + \left(\Delta m^2\sin 2\theta\right)^2}$$

以及

$$\tan 2\,\tilde{\theta} = \frac{\Delta m^2 \sin 2\theta}{\Delta m^2 \cos 2\theta - A}$$

其中，$A = 2\sqrt{2}\,G_F\,N_e\,E$，即描述物质效应的参数；$G_F$ 为费米耦合常数；N_e 为物质中的电子数密度。当物质密度与中微子束流的能量恰好满足 $A = \Delta m^2 \cos 2\theta$ 的共振条件时，即便真空中的中微子混合角 θ 取值很小，也会导致在物质中出现 $\tilde{\theta} \to 45°$ 的最大振荡行为，这就是著名的 MSW 共振效应。另一方面，在物质密度极高（$N_e \to \infty$）的情况下 $\tilde{\theta} \to 90°$，意味着在致密的物质中电子型和缪子型中微子其实分别等价于有效的质量本征态 $\tilde{\nu}_2$ 和 $\tilde{\nu}_1$。这一结果将有助于理解实验所观测到的较高能量的 ^{8}B 中微子的振荡行为（详见第 4.3 节的讨论）。

中微子"味"振荡的物质效应最早是由美国理论物理学家沃尔芬斯泰因（Lincoln Wolfenstein）在 1978 年发现的，而苏联（俄罗斯）物理学家米赫耶夫（Stanislav Mikheyev）和斯米尔诺夫（Alexei Smirnov）在 1985 年率先指出太阳中微子振荡有可能满足上述共振条件，因此人们也将物质修正所导致的共振现象叫做 MSW 效应。中微子穿越太阳、地球以及超新星等致密星体都会与物质发生向前相干弹性散射，因此物质效应是正确理解太阳、大气和加速器中微子振荡行为所必不可少的重要因素之一。

4.2　大气中微子振荡

　　大气中微子振荡实验的"旗舰"当属日本的超级神冈实验,它的前身是小柴昌俊教授领导的神冈实验,其首要科学目标本来是为了寻找质子衰变的信号。正如小柴昌俊本人在自传《我不是好学生》中所描述的那样,一旦观测到质子衰变,那自然是诺贝尔奖级的重大成果,但这无疑是在碰运气,因为预言了质子衰变的大统一理论尚未得到任何实验支持。所以他当年在该实验项目的预算申请书的附件中加了几行字,提及了可能的次级科学目标:"神冈探测器不仅能够探索质子衰变,如果银河系中有超新星爆发,这种仪器还可以捕捉到200~300个超新星中微子。"1987年2月23日,位于银河系的边缘、距离地球约168 000光年的大麦哲伦星云处发生的超新星爆发所释放出来的中微子到达地球,被神冈探测器记录下11个可靠事例。值得一提的是,当时神冈探测器做完水净化后运行仅仅一周,天外来客——超新星1987A中微子——就不期而至,可谓天赐良机,因为小柴昌俊当年3月底就要退休回家了。由于这一"无心插柳柳成荫"的重大发现开启了中微子天文学的大门,小柴昌俊于2002年荣获了诺贝尔物理学奖。

　　超级神冈探测器是神冈探测器的升级版,它的主要研究对象是来自地球周围大气层的缪子型中微子及其反粒子,以及来自太

阳的电子型中微子。宇宙线与大气层相互作用会产生大量的带电
π介子,后者的衰变进一步产生电子型中微子、缪子中微子及其反
粒子,如图4.1所示。超级神冈探测器是一个含有5万吨纯净水的
超大容器,其中布满了光电倍增管,被安置在日本神冈的地下矿井
中。能量处在 GeV 量级的大气中微子进入探测器后,会与水中的
原子核发生非弹性散射反应,使得反应后产生的带电轻子(主要是
电子和缪子及其反粒子)的速度超过了光在水中的速度,进而产生
切连科夫辐射光,被光电倍增管记录下来。这样科学家就能够确

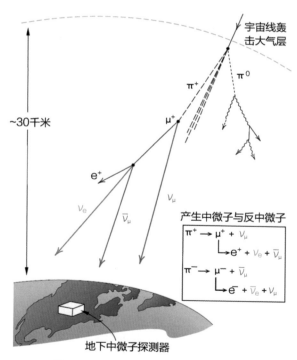

图4.1 大气中微子的产生机制示意图。

认来自上方大气层、直接进入探测器的中微子数目,以及来自下方大气层、先经过地球再进入探测器的中微子数目。由于地球的几何对称性,理论上预期来自上方和下方的中微子数目应该大致相等。

但是超级神冈国际合作组却在1998年发现了出人意料的实验结果:来自大气层的电子型中微子及其反粒子具有简单的上、下对称性;但是从下方进入探测器的缪子型中微子及其反粒子的数目却明显少于来自上方的相应粒子的数目,前者只有后者的大约二分之一。这就是所谓的大气中微子"反常"现象,它表明缪子型中微子及其反粒子在经过地球达到探测器的途中发生了变化,其中一部分转化成探测器看不见的陶子型中微子及其反粒子——这种神奇的味转化效应就是中微子振荡现象。中微子之所以能够发生振荡,原因在于它们具有微小的非简并质量和显著的味混合效应,而这些性质都超越了粒子物理学标准模型的预期。基于上一节所给出的"二味"中微子振荡近似公式,上述消失型的大气 $\nu_\mu \to \nu_\mu$ 和 $\bar{\nu}_\mu \to \bar{\nu}_\mu$ 振荡实验结果可以用质量平方差 Δm_{32}^2 和混合角 θ_{23} 来拟合,从而得到 $\Delta m_{32}^2 \approx \pm 2.4 \times 10^{-3}\ eV^2$ 以及 $\theta_{23} \approx 45°$。

1998年6月4日至9日,中微子物理学界具有非凡历史意义的盛会"中微子1998"在日本高山召开。参加这次会议的两位诺贝尔奖得主是美国理论物理学家格拉肖和实验物理学家克罗宁(James Cronin);而另外五位大会报告人——日本物理学家小柴昌俊,美国物理学家维尔切克(Frank Wilczek),加拿大物理学家麦克唐纳

（Arthur McDonald）和日本物理学家梶田隆章（Takaaki Kajita），以及美国物理学家巴里什（Barry Barish）分别荣获了 2002 年、2004 年、2015 年及 2017 年的诺贝尔物理学奖。就在会议的第二天上午，梶田隆章代表超级神冈合作组报告了关于大气中微子的测量结果，在 6.2σ 的置信度水平上发现了大气中微子振荡现象，而且其结论是模型无关的！当时所有的报告人使用的都是透明片，梶田隆章的报告中最重要的一页如图 4.2 所示。

时任美国总统克林顿（Bill Clinton）在第一时间对高山中微子会议的重大成果作出了反应。1998 年 6 月 5 日，克林顿在麻省理工学院的毕业生典礼上演讲时说了一番意味深长的话：

> 就在昨天，在日本，物理学家们宣布发现了中微子具有微小的质量。眼下这一发现对于大多数美国人而言也许并没有什么意义，但它或许会改变我们所掌握的最基本的理论——从最微小的亚原子粒子的性质到宇宙本身如何运作的规律（亦即它是如何膨胀的）。

> 这一发现是在日本作出的，没错，但它得到了美国能源部的资助。这一发现令人质疑数年前华盛顿所作的将超导超级对撞机项目下马的决定，也再次确认了地处伊利诺伊州的费米国家加速器设施目前所从事的科研项目的重要性。

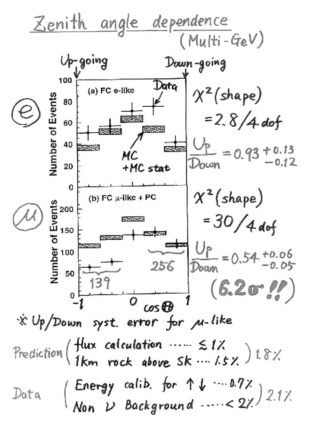

图 4.2　梶田隆章教授在"中微子 1998"国际会议上报告了超级神冈实验所测得的大气中微子振荡现象，其置信度达到了具有发现意义的 6.2σ 水平。

更重要的是，这些发现的深远意义并不局限于实验室的范畴，它们会影响整个社会——不仅影响我们的经济，而且影响我们的人生观，影响我们对于他人关系的理解，也影响我们人类最终的归宿……

克林顿在讲话中强调了基础研究的重要性，也表达了他个人对美国政府当年放弃超导超级对撞机项目的一丝懊悔。他的这番论述后来被超级神冈合作组贴在实验室的网站上好多年。

当年超级神冈实验的领导人是梶田隆章的师兄户塚洋二（Yo-ji Totsuka），两人都是小柴昌俊的学生，但是户塚比梶田年长整整17岁。自1998年以后，这两位师兄弟获得诺贝尔奖的呼声都很高。遗憾的是，户塚教授后来不幸患上了肠癌。由于不断被医生警告说生命只剩下三个月了，户塚在离世前留下了自己的博客"第四个三个月"（The Fourth Three-Months），里面详细记录了他与病魔作最后抗争的心得体会，而这也成为与他的科学精神彼此印证的另一种传奇。2008年8月4日，笔者应邀在美国费城召开的第三十四届国际高能物理会议（ICHEP）上作了题为"关于中微子性质的理论综述"的大会报告——这可能是我的职业生涯中最重要的一场学术报告。按照惯例，报告之后是提问环节，但是主持人面色凝重地告诉我，他们要在提问环节之前安排一段小插曲。于是我站在讲台上，同台下的近千名听众一道获悉了令人悲伤的消息：当代中微子振荡实验的领军人物之一户塚教授不幸于2008年7月10日去世，享年66岁。

户塚教授对待科学研究的态度，从他的科普著作《从地底探索宇宙》中可见一斑。他在评价神冈探测器向超级神冈探测器转型的科学意义时写道：

官方将类似我们这样的基础科学研究称为"学术"，他们似乎认为：所谓科学，就是有实用价值的技术性的东西，而学术则如同魔术一般，属于水中月和镜中花之类的把戏，与艺术一样没有实际用途。这一评价从某种意义上来说是不错的。我在向大众作科普讲座时，总会有人客气地将我们的实验称作"您那饱含着理想主义的研究"。简而言之，这是对不为金钱而奔忙却靠做莫名其妙的事情而活着的人所给出的有品味的说法。恰如其言，在他人看来，我们的研究的确就如同魔术一般神秘。但就自己的发现能够青史留名而言，研究者的快乐还是很接近艺术家的快乐的。只是研究者不论作出多么了不起的发现，都不能变成金钱。

作为超级神冈实验室的主管，户塚教授受到的最大打击也许来自2001年11月12日那场意想不到的事故。当时超级神冈探测器正处在维修阶段，工人们在更换了一些烧坏的光电倍增管之后，正在为水箱重新注入纯净水，但一只光电倍增管的颈部破裂导致其发生爆炸，其压力脉冲在水中引发了连锁反应，最终造成11 000只光电倍增管中的7000只被摧毁。科学家们从这一可怕的事故中得到的教训是，最好将每只光电倍增管单独装入丙烯酸纤维保护套中，以防止这种连锁性事故再次发生。重新购买和安装光电倍增管耗费了超级神冈实验室大约2000万美元和差不多5年时间，很大限度上延缓了实验进程。这大概是户塚教授心中永远的痛，使得他的身体每况愈下。

　　2015年,梶田教授因其对超级神冈实验发现大气中微子振荡所作出的杰出贡献而荣获了诺贝尔物理学奖。作为东京大学宇宙线研究所的所长,他在得知自己获奖之后对媒体调侃道:"我理所当然要感谢中微子。由于大气中微子产生于宇宙线,我也要感谢宇宙线!"梶田隆章曾经多次访问中国,特别是2013年8月应笔者的邀请来到北京,在中国科学院高能物理研究所和美国费米实验室联合举办的"国际中微子暑期学校"讲授中微子振荡课程(如图4.3所示),给学员们留下了深刻印象。

图4.3　2013年8月13日至15日,梶田隆章教授在北京顺鑫绿色度假村举办的"国际中微子暑期学校"授课与答疑。

　　最后值得强调的是,盛满3000吨纯净水的神冈探测器成功地发现了超新星1987A中微子,而盛满50 000吨纯净水的超级神冈探测器成功地发现了大气中微子振荡。以小柴昌俊为代表的日本中微子学界就是凭借一个大水池作出了两项重大科学发现,两次获得了诺贝尔物理学奖!由此可以看出,日本科学家的学派传承令人敬畏,他们在科学研究过程中所展现出来的眼光(Perception)、坚持(Persistence)和能力(Power)也是举世公认的。

4.3　太阳中微子振荡

20世纪上半叶,科学家们普遍相信太阳之所以发光发热,是由于其内部不断发生从氢核到氦核的聚变反应导致的。根据这一理论(其本质就是费米的贝塔衰变理论),在太阳内部每四个氢核(即质子)转化成一个氦核、两个正电子和两个神秘的电子型中微子:$4p \rightarrow {}^4_2He + 2e^+ + 2\nu_e + 26.73 \text{ MeV}$。太阳正是由于这种核聚变反应所释放出来的能量才得以发出光和热,哺育着地球上的芸芸众生。随着热核反应的不断进行,中微子被源源不断地释放出来。由于电中性的中微子只参与弱相互作用,因此它们的自由程很长,可以轻易地从太阳中心逃逸到太阳表面,再进入宇宙空间,包括到达地球,并带给我们关于太阳内部的重要信息。平均每秒穿过地球表面每平方厘米的太阳中微子数目约为1000亿个,但只会有一个中微子与组成地球的物质发生相互作用。

其实太阳中微子的具体产生过程十分复杂,其产生率和能谱

强烈依赖相关的反应道,如图 4.4 和图 4.5 所示。由此可以看出,pp
中微子的通量最大,但能量却偏低;hep 中微子的通量最小,但能量
却比较高。此外,pep 和 ^7Be 中微子之所以具有分立的能谱,是因为
它们都来自具有二体末态的聚变散射过程。图 4.5 中通量较低
的 ^7Be 中微子,其实来自 $^7Be+e^-\rightarrow{}^7Li^*+\nu_e$ 反应过程。由于不同类型
的中微子探测器具有不同的能量阈值,因此它们可用来探测来自
不同核聚变反应的太阳中微子。图 4.5 展示了三种典型的中微子
探测器各自敏感的能区,其中超级神冈(水切连科夫)探测器和
SNO(重水切连科夫)探测器适用于探测较高能量的 ^8B 中微子。相
比之下,以镓元素和氯元素为探测媒质的两类探测器则具有更宽
泛的探测区域,虽然它们在高能区的表现和效率不如切连科夫型
探测器。

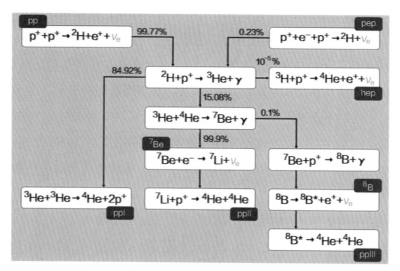

图 4.4　太阳中微子的产生机制示意图。

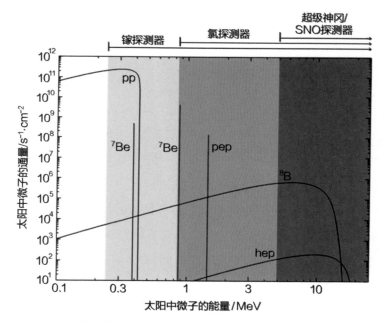

图4.5 太阳中微子的能谱与通量示意图,其中阴影部分表示各种中微子探测器敏感的区域。

1964年,戴维斯与美国理论物理学家巴考尔(John Bahcall)提出了著名的Homestake实验方案来检验提供太阳能量的核反应到底是不是如图4.4所描述的聚变反应。为此巴考尔教授及其同事计算了对应不同能量的太阳中微子的通量。由于太阳中微子会与氯元素发生反应释放出具有放射性的氩原子,他们还计算了在一个盛满四氯乙烯的巨型(游泳池大小)容器中每个月可能观测到的 ν_e 事例数——即每个月可能产生的氩原子的数量。经过几年的艰苦测量,戴维斯在1968年首次发表了实验结果:他所探测到的太阳中微子事例数只有巴考尔等人基于标准太阳模型给出的理论预言的三分之一。这一理论预期与实验结果的明显不一致后来被称为"太阳中微子失踪之谜"。

当年为了解释"太阳中微子失踪之谜",科学家们曾考虑过几种可能性,其中包括:理论计算也许不可靠;实验测量可能有问题;理论计算和实验测量都没问题,而是太阳中微子自身在从太阳中心到达地球探测器的长途旅行过程中发生了"味"转化,从而导致了实验测量与理论预期的差别。后者就是著名的中微子振荡机制,最初是由庞缇科夫及其合作者格里博夫(Vladimir Gribov)在1969年提出来的。在接下来的20年间,许多专家又重新仔细计算了太阳中微子的通量;随着标准太阳模型参数的精度不断得到提高,最终的结果也更加精确,与巴考尔的最初预言并没有明显差别。在实验方面,戴维斯不仅提高了测量精度,而且确认了实验装置本身也没有问题。于是通过中微子振荡机制来解释理论预期和实验测量结果之间的不一致逐渐受到粒子物理学界的重视。

1989年,由小柴昌俊和户塚洋二领导的日美神冈国际合作组报告了他们关于太阳中微子的测量结果。神冈探测器属于水切连科夫探测器,用以探测水中的电子与来自太阳的高能 ^{8}B 中微子之间所发生的弹性散射过程。神冈实验证实了观测到的太阳中微子数目的确少于太阳模型的理论预言值,但其反映出来的理论与实验之间的不一致程度比戴维斯的实验要小一些。进一步的分析表明,这两类实验结果之间的差异是由于两种实验装置对太阳中微子的能量和数量敏感度不同而造成的(氯探测器虽然也可以探测到 ^{7}Be 和 pep 中微子,但它的主要信号也来自较高能量的 ^{8}B 中微子)。

随后接踵而至的几个实验使得太阳中微子失踪问题变得更加复杂。由德国物理学家克斯坦(Till Kirsten)领导的 GALLEX 实验和由格里博夫领导的 SAGE 实验分别用装满镓元素的探测器来测量较低能量的太阳中微子,发现后者同样存在"失踪"的问题。此外,以铃木阳一郎(Yoichiro Suzuki)为首的实验团队利用超级神冈探测器对 ^{8}B 太阳中微子进行了更加精确的测量,令人信服地证实了戴维斯的实验和神冈实验所观测到的中微子"失踪"现象。总之,高能和低能太阳中微子都存在"失踪"现象,只是"失踪"的比例不同。尽管当时标准太阳模型已被证明是相当可靠的,但"失踪"了的电子型中微子到底去了哪里依旧是个谜,需要设计一种新实验来揭开谜底。

其实早在 1984 年,美籍华裔物理学家陈华森[①](Herbert Chen,见图4.6)就意识到:假如用重水作为太阳中微子的探测媒介,便可以模型无关地确定来自太阳中心核聚变的电子型中微子在到达地

---

① 陈华森,1942年3月16日出生于重庆,中华人民共和国成立前夕随家人迁居美国,1964年获得加州理工学院学士学位,1968年获得普林斯顿大学博士学位,1987年11月7日因白血病不幸英年早逝。

图4.6 SNO实验的先驱、美籍华裔物理学家陈华森(1942—1987)。

球探测器之前是否发生了"味"转化,即是否转化成了对普通水或者其他探测媒介不敏感的缪子型和陶子型中微子。由于太阳中微子的典型能量一般不超过 10 MeV,即使电子型中微子部分转化为缪子型或者陶子型中微子,后者到达地球上的探测器内部后也无法触发得以生成缪子(静止质量约为 105 MeV)或者陶子(静止质量约为1777 MeV)的带电流相互作用。陈华森的想法的独到之处在于,太阳中微子可与重水中的氘原子核同时发生带电流(CC)和中性流(NC)反应($\nu_e+D\rightarrow p+p+e^-$与$\nu_\alpha+D\rightarrow p+n+\nu_\alpha$,$\alpha=e,\mu,\tau$),也可与重水中的电子发生弹性散射(ES)反应($\nu_\alpha+e^-\rightarrow\nu_\alpha+e^-$,$\alpha=e,\mu,\tau$)。假如电子型中微子在从太阳中心到达地球探测器的途中没有发生任何异常,那么通过上述三种不同的反应过程所测得的太阳中微子通量就应该是相等的。但一旦电子型中微子在旅途中部分地转化为其他类型的中微子,实验上就应该观测到参与中性流相互作用的太阳中微子的通量（$\Phi_{NC}=\Phi_e+\Phi_{\mu\tau}$）明显大于参与弹性散射过程的太阳中微子的通量（$\Phi_{ES}=\Phi_e+0.156\,\Phi_{\mu\tau}$），而后者又大于参与带电流相互作用的太阳中微子的通量（$\Phi_{CC}=\Phi_e$）。这一判断的理由很简单：带电流相互作用只对电子型中微子敏感；而另外两种相互作用则对电子型中微子、缪子型中微子和陶子型中微子都敏感，只不过敏感的程度有所不同。上述探测原理完全不依赖于标准太阳模型自身的不确定因素，因此最终的探测结果将是模型无关、令人信服的。

要想将陈华森的上述想法付诸实践，关键在于拥有足够的重水，但重水是价格昂贵的军用物资，不易得到。陈华森打听到加拿大的CANDU核反应堆储备了大量的重水，就通过尤恩（George Ewan）等加拿大同事与核反应堆的管理部门取得了联系，询问是否可以暂借一定量的重水用作太阳中微子实验。出乎科学家们的意料，对方很痛快地答应了，愿意免费提供1000吨、价值3亿美元的重水！1984年，以加拿大萨德伯里为基地探测太阳中微子的SNO实验项目出炉，并成立了以美加科学家为主的国际合作组，陈华森和尤恩分别被选为合作组的美方和加方发言人。

SNO实验是在萨德伯里郊区的一个2100米深的地下矿井中进行的，其探测器的主体部分就是盛有1000吨重水的容器。重水本身并不具有放射性，但为1000吨重水建造一个足够大的容器却很有挑战性。最终又是陈华森想出了一个好主意，他在带女儿参观圣地亚哥的海底世界时受到水族馆的视窗设计的启发,建议雇用同一家公司帮助SNO合作组建造一个盛装重水的巨大有机玻璃容器。1987年11月7日,才华横溢的陈华森教授不幸因病去世,当时身在普林斯顿大学的加拿大物理学家麦克唐纳应邀接替合作组美方发言人的职位,从此成为SNO实验的核心人物。两年之后,尤恩退休,麦克唐纳离开普林斯顿返回祖国,接受了空缺下来的女王大学的教授职位,开始身处实地领导SNO实验,立志在加拿大打造出世界顶级的地下中微子实验室。

1990年1月4日,SNO项目正式启动。合作组的科学家和工程师面临的第一个巨大挑战就是在矿井中建造直径12米的有机玻璃容器。其次是在探测器中安装9600只光电倍增管并保证它们正常工作,用以探测太阳中微子与重水反应后生成的带电粒子所产生的切连科夫辐射光。作为SNO国际合作组的最高领导人,麦克唐纳总是善于在追求完美的科学家和追求实用和时效的工程师之间找到双方都能接受的平衡点,从而保证工程的进度并达到设备应有的设计指标和探测效率。他曾这样说道:"如果你能在两者之间创造对话的机会,你就会取得意想不到的效果。倘若我们之间的分歧是50对50,那我们最好再多花些时间讨论问题之所在。"

在完成了所有探测器设备安装工作之后,SNO实验于1999年开始取数。2001年6月18日,麦克唐纳及其团队公布了他们测量 ^{8}B 太阳中微子与重水的带电流相互作用和弹性散射的实验结果,在 3.3 σ 的置信度水平提供了电子型中微子转化成其他类型中微子的初步证据。2002 年 4 月 21 日,SNO 合作组进一步公布了他们对中性流相互作用的测量结果,在 5.3 σ 的置信度水平确认了太阳中微子的"味"转化行为,并印证了标准太阳模型对太阳中微子总通量的预言是基本可靠的。这两篇论文在中微子物理学史上具有里程碑的意义,标志着困扰了科学家几十年的"太阳中微子失踪之谜"得以破解。解释 SNO 实验测量结果的最简单理论图像是中微子振荡。由于中微子具有微小的质量和较大的混合效应,从太阳中心通过核聚变产生的电子型中微子在向外传播的过程中以一定比例转化成了缪子型中微子和陶子型中微子,而后者由于能量太低无法在地球的探测器中触发相应的带电流相互作用,所以无法被戴维斯领导的实验以及其他实验所确认,这就造成了它们"失踪"的假象。

SNO 实验的独特之处就在于它能够同时测量太阳中微子与重水的三种不同相互作用,因此模型无关地确认了"失踪"的电子型中微子其实转化成了其他类型,但太阳中微子的总通量保持不变。图 4.7 展示了带电流相互作用、弹性散射和中性流相互作用所确定的太阳中微子通量,三者的交汇点就是 SNO 实验的测量结果,清楚地表明 $\Phi_{\mu\tau} \neq 0$。此外,图中的黑色虚线带代表标准太阳模型对中微子总通量的预言,与通过中性流相互作用所得到的实验值是一致的。

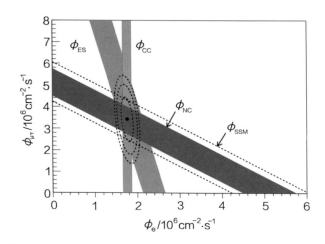

图 4.7 SNO 实验在 2002 年通过太阳中微子与重水的弹性散射、带电流和中性流相互作用所测得的中微子通量，以及与标准太阳模型所预言的总通量（Φ_{SSM}）的对比。

回过头来看，太阳中微子中的 pp 和 ^{7}Be 中微子由于其能量较低，在从太阳中心向太阳表面传播的过程中，主要体现为以在真空中振荡为主的行为。由于太阳的半径巨大，当这两类中微子到达太阳表面时，早已各自退相干，因此其振荡概率可以近似成 $P(\nu_e \rightarrow \nu_e) \approx 1 - 0.5 \sin^2 2\theta_{12}$。以 ^{7}Be 中微子为例，实验上测得的振荡概率约为 0.56，从而可提取出 $\theta_{12} \approx 34°$。另一方面，较高能量的 ^{8}B 中微子在太阳中心产生伊始便由于物质效应起主导作用而处于 $\nu_e \approx \nu_2$ 的状态（详见第 4.1 节的讨论）。它们从太阳中心向外传播的过程中近似满足绝热条件，于是始终保持处在不变的质量本征态，直到到达太阳表面，再进一步到达地球的探测器。由于超级神冈探测器只对电子"味"的中微子敏感，因此它测量的太阳中微子存活概率

为 $P(\nu_e \rightarrow \nu_e) \approx \left| \langle \nu_e | \nu_2 \rangle \right|^2 \approx \sin^2\theta_{12}$。代入 ^{8}B 中微子存活概率的实验测量值 0.32，即可确定中微子混合角 $\theta_{12} \approx 34°$，与上面从 ^{7}Be 中微子存活概率得到的结果一致。同样的结果也可以从模型无关的 SNO 测量结果 $\sin^2\theta_{12} \approx \Phi_e / (\Phi_e + \Phi_{\mu\tau}) \approx 0.34$ 得到。

由于 SNO 实验继超级神冈实验发现大气中微子振荡之后成功地破解了太阳中微子失踪之谜，这使得麦克唐纳教授与梶田隆章教授分享了 2015 年的诺贝尔物理学奖。麦克唐纳在得知自己获奖的消息后接受了记者采访，当被问及从 2002 年到 2015 年这漫长的等待获奖过程的心情如何时，他幽默地回答道："假如你在小鸡孵出之前就开始数它们会有多少只，那么你会发疯的！我们所有的人都在继续做我们的科研。"2017 年 5 月中旬，麦克唐纳携夫人访问了中国科学院高能物理研究所，并于 16 日晚在中国科学院大学雁栖湖校区举办的首届"物理学大师讲坛"作了一场精彩的报告，让广大青年学子们兴奋不已（如图 4.8 所示）。

图 4.8　2017 年 5 月 16 日，麦克唐纳教授在中国科学院大学雁栖湖校区作完"物理学大师讲坛"报告之后，携夫人与同学们合影留念。

4.4 加速器中微子振荡实验

如果超级神冈实验观测到的大气中微子反常归因于缪子型中微子及其反粒子在穿越地球的过程中转化成探测器不易感知的陶子型中微子及其反粒子,那么就可以设计一个基于加速器的中微子振荡实验来验证这一推测。理由很简单,通过质子对撞或者质子打靶很容易产生海量的 $\pi^\pm$ 介子,而后者的衰变则产生大量的 ν_e, ν_μ, $\bar\nu_e$, $\bar\nu_\mu$ 中微子。这样就可以制备出合适的缪子型中微子束流,使之传播到远处的探测器中,从而实现对中微子振荡现象的测量。日本的 K2K 和美国的 MINOS 就是两个典型的加速器"消失"型实验,完美地验证了超级神冈实验所揭示的大气中微子振荡的参数空间。

K2K 实验所使用的缪子型中微子束流来自日本高能加速器研究机构(KEK)的加速器,在地下穿行 250 千米进入超级神冈探测器。而 MINOS 实验的缪子型中微子束流是由费米实验室的加速器产生的,行进 735 千米后进入置于明尼苏达北部地下的探测器。两者的平均束流能量都在 1 GeV 附近,因此依照表4.1的提示应该对中微子质量平方差 $\Delta m^2 \sim 10^{-3}$ eV^2 敏感。这两组实验在 2000 年以后都观测到了缪子型中微子通量的减少以及中微子能谱的形变,符合预期的 $\nu_\mu \to \nu_\mu$ 振荡行为。不仅如此,K2K 和 MINOS 合作组的实验结果都与大气中微子振荡的参数空间吻合。尤其令人惊奇的是中微子混合矩阵中包含 $\theta_{23} \approx 45°$，后者意味着中微子的味混合模式很可能隐含着某种特殊的"味"对称性（例如最简单的 ν_μ 与 ν_τ 之间的置换对称性），而这为各种方式的模型构造尝试提供了一个基准。

迄今为止，最重要的加速器类中微子振荡实验当属日本的 T2K，其缪子型中微子束流来自位于东海地区的 J-PARC 加速器，而探测装置则是 295 千米之外的超级神冈探测器。与以往的中微子或反中微子振荡实验不同，T2K 属于"出现"型实验，它的首要科学目标是测量 $\nu_\mu \to \nu_e$ 振荡，从而直接证实中微子的"味"转化行为，并得以限制轻子部分的 CP 破坏相位。因此 T2K 不是 K2K 的简单升级版，但两者的领导人都是西川幸一郎（Koichiro Nishikawa）教授。

2011 年 3 月 11 日发生的日本福岛大地震造成了 J-PARC 加速器的局部破损，这导致 T2K 实验进程暂时中断。经过一番考量，T2K 国际合作组决定将先前运行几个月收集到的中微子数据进行分析，并在 2011 年 6 月 14 日首度公布了分析结果。令人吃惊的是，T2K 的初步实验结果表明，最小的中微子混合角 θ_{13} 并非很多人预期的那样小，很可能处在 10° 附近。尽管这一结果的置信度水平只达到了 2.5σ，但它却是一个振奋人心的利好消息，在某种程度上改变了大亚湾实验等反应堆反中微子振荡实验的进程（详见第 5.2 节的讨论）。

如今 T2K 实验已经令人信服地测量到了 $\nu_\mu \to \nu_e$ 振荡,并且也成功地观测到了 $\bar{\nu}_\mu \to \bar{\nu}_e$ 振荡,尽管后者的置信度要偏低一些。不仅如此,T2K 的结果也暗示 PMNS 轻子混合矩阵中的 CP 破坏相位 δ 接近 270°,而这意味着中微子振荡过程中的 CP 不守恒效应可能很显著。值得一提的是,日本科学家雄心勃勃地试图在新一轮中微子振荡实验的国际竞争中继续拔得头筹,超级神冈探测器的升级版超巨型神冈(Hyper-Kamiokande)探测器就是一个有力的例证[①]。计划中的这个"巨无霸"级神冈水切连科夫探测器的容积将是超级神冈探测器的 10 倍,两者比邻而居,到达 J-PARC 加速器的距离都是 295 千米。如此超大量级的探测器一旦建成,有望令人信服地回答诸如中微子的质量等级问题、轻子 CP 破坏问题和轻子最大混合角 θ_{23} 究竟大于还是小于 45° 等问题,甚至在质子衰变、超新星中微子探测、新物理寻找等方面取得意想不到的重大成果。

与日本相比,欧洲和美国的加速器中微子振荡实验也取得了若干重要科学成果。其中 OPERA 实验是将欧洲核子研究中心(CERN)的加速器所产生的缪子型中微子束流发送至 730 千米之外的置于意大利格兰萨索地下实验室的探测器,以期寻找陶子型中微子"出现"的信号。经过数年坚持不懈的取数,OPERA 合作组最

---

① 值得一提的是,"神冈"实验的全称是"神冈核子衰变实验",即 KamiokaNDE = Kamioka Nucleon Decay Experiment;相比之下,"超级神冈"实验的全称是"超级神冈中微子探测实验",即 Super-Kamiokande = Super-Kamioka Neutrino Detection Experiment。同样的字母"N"和"D",在神冈实验的名称缩写中指的是"核子衰变",而在超级神冈实验的名称缩写中则意味着"中微子探测"。

终发现了 $\nu_\mu \to \nu_\tau$ 振荡模式,有力地支持了大气中微子振荡实验。不过 OPERA 实验组的一部分科学家在 2011 年秋天闹出一个大笑话:他们宣称在 6.0 σ 的置信度水平观测到了缪子型中微子的"超光速"现象。这一"发现"引发了整个科学界的骚动,后来查明是 OPERA 实验装置的电缆出了问题,使得对中微子束流在两地之间传播所用时间的测量有误,从而导致了中微子"超光速"的错误判断。这一乌龙事件最终以相关负责人的引咎辞职而告终,同时也从另一个角度说明了研究神秘莫测的中微子是一件多么具有挑战性的工作。

美国新一代基于加速器的"出现"型长基线中微子振荡实验包括正在运行取数的 NOνA 实验和建设中的 DUNE 项目,两者的缪子型中微子束流都来自费米实验室的加速器,而它们的基线长度分别为 810 千米(探测器置于明尼苏达北部地下,MINOS 探测器的升级版)和 1300 千米(探测器置于达科塔南部,当年戴维斯领导的 Homestake 实验所在地)。目前 NOνA 实验的主要结果与大气和 T2K 实验的结果基本一致,而 DUNE 有望在数年后投入运行。作为中微子物理学的传统强国,美国正努力在长基线中微子振荡领域引领新的潮流[①]。

---

① 有趣的是,电子型、缪子型和陶子型中微子都是在美国被发现的,但美国科学家在中微子振荡方面的研究却似乎没有日本那样的好运气。著名但令人困扰的 LSND 和 MiniBooNE"反常"——似乎指向存在一类质量处在 1 eV 左右的惰性中微子——都来自美国的短基线加速器型中微子振荡实验。

第5章
反应堆反中微子振荡

5.1 KamLAND实验

自1956年莱因斯和考恩借助核反应堆成功地发现电子型反中微子以来,核反应堆一直是研究电子型反中微子的基本性质的重要工具之一。由于从核反应堆中发生的核裂变过程所产生出来的电子型反中微子一般只具有几兆电子伏(MeV)的能量,倘若中微子的质量平方差较大,就可以利用反应堆研究短基线的$\bar{\nu}_e \rightarrow \bar{\nu}_e$振荡行为。但是20世纪所做的所有短基线反应堆反中微子振荡实验都没有观测到任何信号。最先发现$\bar{\nu}_e \rightarrow \bar{\nu}_e$振荡现象的是日本的长基线反应堆实验——KamLAND,其含有1000吨液体闪烁体的探测器也在神冈地下实验室,可接收和探测来自四周数十座商业核电站所产生的电子型反中微子,平均基线长度约为180千米。因此KamLAND实验对处于10^{-4} eV附近的中微子质量平方差最为敏感,而这恰好对应当年用以解释太阳中微子失踪之谜的所谓"大混合角MSW解"的区域。事实上,KamLAND实验的最初设计方案就是为了确认这一特殊的参数空间是否为太阳中微子之谜的真实解。

铃木厚人(Atsuto Suzuki)领导的KamLAND合作组从2002年1月17日开始运行取数,同一年的年底首次发布了令中微子物理学界振奋的测量结果:"大混合角MSW解"果然是太阳^{8}B中微子失踪之谜的正确答案! 换句话说,在"二味"近似下,KamLAND实验测量的是:

$$P(\overline{\nu}_e \rightarrow \overline{\nu}_e) \approx 1 - \sin^2 2\theta_{12} \sin^2 \frac{1.27\Delta m_{21}^2 L}{E}$$

从而得以确定中微子混合角 θ_{12} 和质量平方差 Δm_{21}^2 的参数空间,并与太阳中微子振荡的参数空间作对比。随后的实验测量也揭示了 $\overline{\nu}_e \rightarrow \overline{\nu}_e$ 振荡随着电子型反中微子的能量而变化的行为,如图5.1所示。

不能不说早年跟随小柴昌俊教授设计和建造神冈探测器的铃木厚人教授的眼光和运气都是极好的。当初KamLAND实验方案刚出台时,很多人觉得他们的胜算只有1/4,因为那时候利用振荡来解释太阳中微子反常的参数空间有4个之多(即小混合角MSW解、大混合角MSW解、真空振荡解,以及所谓的低质量平方差解),而KamLAND实验只能检验其中的一个。其实铃木教授看好"大混合角MSW解"的理由可圈可点:一方面,当时超级神冈实验已经揭示出大气中微子混合角 θ_{23} 很大的事实(即 $\theta_{23} \approx 45°$),因此期待太阳中微子混合角 θ_{12} 也很大这一点说来并不过分;另一方面,太阳从中心到表面的物质密度变化十分显著,物质效应不太可能不影响

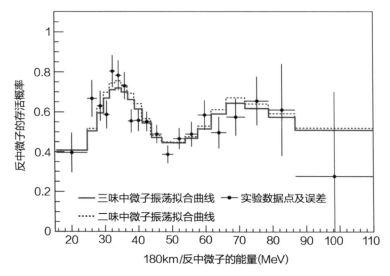

图5.1 2011年发布的KamLAND实验测量结果,清晰地显示出反应堆$\bar{\nu}_e \rightarrow \bar{\nu}_e$振荡的存活概率随着电子型反中微子的能量而变化的行为。

较高能量的太阳中微子的振荡行为。

2005年7月,KamLAND国际合作组在著名的《自然》(*Nature*)杂志发表了一篇重要论文,报告了他们利用KamLAND探测器首次发现了来自地球内部 ^{238}U 和 ^{232}Th 等重核发生裂变所释放出来的电子型反中微子的实验证据。事实上,初步的计算表明,地球自身的放射性可以产生通量约为 6×10^6 cm$^{-2}\cdot$s^{-1} 的电子型反中微子事例。因此诸如Kam LAND这样的反中微子探测器也是研究地球内部结构及性质的有效工具之一。

笔者的同事曹俊研究员(现任大亚湾实验国际合作组中方发言人)曾在他的"科学网博客"文章中提及铃木厚人教授嗜酒如命的"糗事":"日本高能加速器研究机构(KEK)的新任所长山内正则(Masanori Yamauchi)带领代表团来高能所进行年度合作会谈。宴请对方时我问KEK管外事的一位女士:'听说你们的前任所长铃木厚人有一次喝醉酒了,躺在停车场地上睡到天亮才被人发现,有这事吗?'这位女士正在犹豫能不能妄议'中央'时,旁边一位日本教授答道:'好多次! 他还走路自己撞伤了头,幸好没出大事。'"铃木教授作为普通人的真性情,由此可见一斑。

5.2 大亚湾实验

自1998年以来,超级神冈大气和太阳中微子振荡实验、SNO太阳中微子振荡实验、K2K加速器中微子振荡实验和KamLAND反应堆反中微子振荡实验的相继成功不仅确认了中微子存在微小且非简并的静止质量,而且测量了两个独立的中微子质量平方差(Δm_{21}^2与Δm_{31}^2)和两个显著大于最大夸克混合角的轻子混合角(θ_{12}和θ_{23})。因此到了2003年,如何测定最小的中微子混合角θ_{13}就成为下一轮基于加速器和反应堆的振荡实验的首要科学目标之一。但由于T2K等长基线加速器中微子振荡实验不可避免地涉及物质效应和未知的CP破坏相位δ,中国、韩国、日本、美国、巴西、法国和俄罗斯等国的科学家都寄希望于发现基线长度$L \sim 2$千米的反应堆反

中微子振荡,后者对中微子质量平方差 Δm_{31}^2 最为敏感,其概率遵从如下公式:

$$P(\overline{\nu}_e \to \overline{\nu}_e) \approx 1 - \sin^2 2\theta_{13} \sin^2 \frac{1.27 \Delta m_{31}^2 L}{E}$$

故而可以从中干净地提取未知的中微子混合角 θ_{13} 的信息。经过几年的论证,最终中国、韩国和法国的反应堆反中微子振荡实验方案得以付诸实践,它们分别是大亚湾、RENO 和 Double Chooz 实验。

筹备成立大亚湾实验国际合作组的第一次正式会议是于 2003 年 11 月 28 日至 29 日在香港大学召开的,以中国科学院高能物理研究所王贻芳研究员为首的中方科学家和以美国加州大学伯克利分校陆锦标(Kam-Biu Luk)教授为首的美方科学家共 30 余人参加了这次具有里程碑意义的会议。次年 1 月 17 日与 18 日,第二次正式会议在北京中国科学院高能物理研究所召开,而该项目的香山会议则于 2005 年 4 月 5 日至 7 日召开。2006 年 6 月 11 日至 16 日,中美高能物理未来合作研讨会在中国科学院高能物理研究所举行,诺贝尔物理学奖得主李政道先生应邀出席并作了开场主旨演讲,报告了他与合作者弗里德伯格(Richard Friedberg)刚刚提出的关于中微子味混合的新模型——该模型基于一种新的味对称性,能够预言未知的中微子混合角 θ_{13} 与已知的中微子混合角 θ_{12} 和 θ_{23} 之间的某种关联。李先生对大亚湾实验的立项给予了具体而有力的支持。2007 年 10 月 13 日,大亚湾反应堆反中微子振荡实验开工典礼

在深圳大亚湾核电站的现场举行,该实验国际合作组的中方发言
人王贻芳、美方发言人陆锦标以及近百位中美科学家和政府官员
参与和见证了这一激动人心的历史时刻。

大亚湾反应堆反中微子振荡实验装置包含3000米的地下隧
道、5个地下实验大厅、8个110吨重的电子型反中微子探测器模
块、3个水切连科夫探测器(内含4400吨纯净水)、3200平方米的阻
性板探测器以及8000道电子学读出设备。由于大亚湾核电站及其
附近的岭澳核电站都是该实验的反中微子源,因而合作组将4个近
点探测器模块和4个远点探测器模块作了如图5.2所示的布局。与
法国和韩国的竞争对手相比,大亚湾实验装置在几方面具有明显

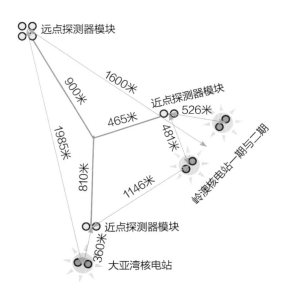

图5.2 大亚湾反应堆反中微子振荡实验的近点与远点探测器分布图。

的优势:探测器的亮度最高,因此积累数据更快;岩石覆盖层最厚,所以实验的本底更小、精度更高;探测器的系统误差最小,故而灵敏度最好。

大亚湾反应堆反中微子振荡实验是在基础科学研究领域以我国为主的大型国际合作的典范。在整个合作过程中,中方提出了完整的实验方案和探测器概念设计,也承担了全部土建任务和一半探测器建造的任务,并在实验数据分析阶段完成了整个物理结果的分析工作,被合作组采纳为正式的结果予以发表。美方承担了另一半的探测器建造工作,也独立完成了实验数据的分析工作,并在实验室管理等方面带来了先进的理念和经验。俄罗斯和捷克的科学家也对该实验作出了实质性贡献。

在技术层面,王贻芳研究员及其团队实现了5项原始创新:(1)首次提出了多模块测量思想,即在同一实验点放置2个或者4个全同的反中微子探测器模块,由此显著提高了实验的精度与可靠性;(2)首次将反中微子探测器设计成同心圆柱形,减小了建造难度,使得不同探测器模块的性能更容易全同,降低了整个实验装置的系统误差;(3)首次在探测器内采用反射板,后者的机械设计巧妙,具有理想的光学性能,因而使得光电倍增管的用量减少了一半,大幅度降低了造价;(4)首次将总重量高达110吨的大型探测器设计成可移动的,以便检验实验装置的系统误差;(5)研制出新型的掺钆液体闪烁体,其性能达到了国际先进水平(这是反应堆反中微子探测实验的核心技术之一，难度极高。中国科学院高能物理研究所的科学家们与美国布鲁克海文国家实验室的科学家们同步独立地展开掺钆液体闪烁体的研制工作，而实验最终采用了中国科学院高能物理研究所的配方）。有关大亚湾实验的具体技术细节，读者可参阅王贻芳研究员主编的科普著作《探索宇宙"隐形人"——大亚湾反应堆中微子实验》（浙江教育出版社，2015年）。

从2007年10月开始土建到2011年8月靠近大亚湾核电站的近点探测器开始运行取数，大亚湾实验的总体进展还算顺利。但2011年6月公布的T2K实验初步结果暗示最小的中微子混合角θ_{13}很可能处在10°附近，这一消息强烈刺激了三家正在进行的反应堆反中微子实验项目。当时韩国的RENO实验进展速度最快，近点和远点探测器基本安装到位，到了2011年8月已经能够开始运行取数。法国的Double Chooz实验进展颇不顺利，主要受到了近点探测器迟迟无法安装到位的制约。当时大亚湾合作组内部对T2K实验的结果一方面持谨慎怀疑的态度，另一方面也担心：万一θ_{13}的确不像很多人预期的那样小的话，那么竞争对手就很有可能捷足先登，率先发现反中微子振荡信号并在较高置信度水平测定θ_{13}的数值。在此关键时刻，以王贻芳研究员为首的大亚湾国际合作组领导层果断作出决定，立即调整实验计划，采用"1+2+3"应急方案，力争抢在RENO和Double Chooz实验之前获得一锤定音的测量结果。

所谓"1+2+3"实验方案，就是在无法及时完成所有8个探测器模块建造任务的情况下，先行利用年内可以完成建造的6个模块开展实验测量，其布局方式如下：在大亚湾核电站附近安置两个近点探测器模块，在岭澳核电站附近安置一个探测器模块，而远点探测器则由三个模块组成。2011年12月，三处探测器都进入了运行取数模式，经过55天的数据采集，大亚湾实验的远点探测器获取了9901个有效的电子型反中微子事例，这一结果比通过近点探测器的测量值在无振荡假设下推算出来的远点预期事例数10 530少了约6%。随后大亚湾合作组的中方和美方科学家们独立分析了实验数据并得到了一致的结论：电子型反中微子从大亚湾和岭澳反应堆产生出来之后，在旅行约2千米到达远点探测器的过程中发生了味转化，使得只对$\bar{v}_e$敏感的探测器"看到"了其数目的减少。换句话说，大亚湾实验首次发现了较短基线的反应堆反中微子振荡模式，其振荡幅度为$\sin^2 2\theta_{13}=0.092\pm0.016\pm0.005$（误差分别为统计和系统误差），置信度达到了令人信服的5.2 σ（如图5.3所示）！

2012年3月8日下午两点，一场令国际学术界瞩目、全球视频直播的新闻发布会在中国科学院高能物理研究所举行。大亚湾反应堆反中微子实验国际合作组中方发言人王贻芳研究员首先在学术报告中介绍了该实验的运行情况，然后宣布了上述激动人心的测量结果（如图5.4所示）。大亚湾合作组的美方发言人陆锦标教授也同步在美国加州大学伯克利分校召开记者招待会，公布了大亚湾实验的重要成果。在此之前，曹俊研究员作为论文的执笔人之一和通讯作者刚将论文在线提交到高能物理学预印本库（arXiv）

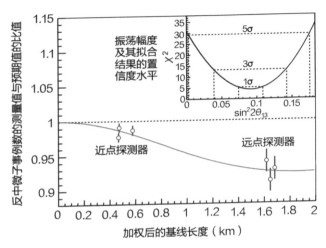

图5.3 2012年3月发布的大亚湾反应堆反中微子振荡实验结果。

图5.4 2012年3月8日下午,王贻芳研究员在北京新闻发布会的现场报告了大亚湾反应堆反中微子振荡实验的测量结果。

和《物理评论快报》编辑部。

在北京新闻发布会现场的问答环节（如图 5.5 所示）有人就大亚湾国际合作组将论文投稿到美国物理学会主办的《物理评论快报》提问：为什么不把这一在中国本土完成的重要科学成果发表在国内的期刊？王贻芳研究员给予了答复：论文投稿的事情是大亚湾合作组的集体决定，要顾及美国同行的意见；而且论文发表在《物理评论快报》这样的顶级期刊上更容易获得国际学术界的广泛关注。曹俊研究员当场补充道，合作组正计划将另一篇更为系统地介绍大亚湾实验的具体测量、分析过程和物理结果的论文投稿给国内主办的英文期刊《中国物理C》（Chinese Physics C）①。笔者也在现场不失时机地插了一句话："虽然大亚湾合作组将他们这个十分重要的科学成果投稿到了国外的著名期刊，但是我可以在这里负责任地告诉大家，解释大亚湾实验的结果及其唯象学后果的第一篇理论文章，今天下午将会完成并将投给中国本土的学术期刊《中国物理C》发表！"

当时也有记者在新闻发布会的现场私下里问笔者，大亚湾合作组为什么选在国际妇女节这一天对外公布实验结果。我急中生

---

① 这篇论文最终于 2012 年 10 月完成，2013 年初发表在《中国物理C》上，迄今已被引用了近 400 次，是该期刊单篇引用率最高的学术论文。而大亚湾国际合作组 2012 年发表在《物理评论快报》上的第一篇论文，至今已被引用 2000 余次，成为中微子物理学的经典论文之一。

图5.5 2012年3月8日下午,北京新闻发布会现场的问答环节,台上从右至左落座的专家分别为王贻芳、陈和生、詹文龙、赵光达、邢志忠和曹俊。

智作了估算,发现实验测得的电子型反中微子振荡幅度对应的中微子混合角数值恰好为 $\theta_{13} \approx 8.8° \pm 0.8°$。于是我告诉那位记者:"您看,我们的测量结果中包含了三个八,因此适合在三八妇女节这一天昭告天下!"这个笑话当年竟一时传为佳话,甚至传到了远在万里之外的美国同行那里。

这场新闻发布会结束之后不到一个小时,《中国物理C》编辑部就联系上我并要求我兑现诺言。其实作为大亚湾国际合作组的成员,我在年初已经得到了内部消息:大亚湾实验首次发现了较短基线反应堆反中微子的振荡效应,并且令人信服地测量了最小的中微子混合角 θ_{13},其数值接近9°。这一振奋人心的结果促使我马上开始动手准备相应的理论文章。我花了一个月的时间,系统地分析了 $\theta_{13} \approx 9°$ 对轻子质量矩阵的结构、中微子模型构造的方案、CP

不守恒效应等可能产生的影响，写出了一篇25页的论文。但是在
大亚湾合作组的正式实验文章没有出台之前，我的论文也只好先
封存起来，以免走漏了消息。由于有了如此这般的前期秘密准备，
我才得以在2012年3月8日星期四当晚将论文投给《中国物理
C》。时任该期刊主编的郑志鹏研究员亲自审稿并很快予以接受，
随后几位期刊编辑连夜开始对稿件进行编辑加工，并利用周末的
时间完成了排版。也就是说，这篇论文从向编辑部投稿到送印刷
厂印刷，只花了三天时间，从而赶上了4月1日那一期，正式发表在
《中国物理C》上①。

　　值得一提但令人略感遗憾的是，当时几乎没有人追问大亚湾
实验中那6%"失踪"了的电子型反中微子究竟去了哪里。这是一
个相当不平庸的问题，不能凭直觉来回答，而是需要具体计算 $\bar{\nu}_e \rightarrow$
$\bar{\nu}_\mu$ 和 $\bar{\nu}_e \rightarrow \bar{\nu}_\tau$ 振荡的概率才能得到正确答案。由于 $\theta_{23} \approx 45°$ 的事实，
可以发现这两种"出现"型反中微子振荡的概率几乎相等，因此大
亚湾实验中"失踪"了的 $\bar{\nu}_e$ 事例，有一半转化为缪子型反中微子，而
另一半转化成陶子型反中微子。但 $\bar{\nu}_\mu$ 和 $\bar{\nu}_\tau$ 事例的能量太低，无法
在探测器中通过触发带电流相互作用而产生反缪子和反陶子，故
而它们无法被探测器直接记录在案。事实上，早期太阳中微子"失
踪"之谜的谜底是类似的：那些"失踪"了的电子型中微子中的差不

---

　　① 上海科技教育出版社于2012年3月出版的科普图书《你错了，爱因斯坦先生！》(弗里
奇著，邢志忠、那紫烟译)中提及了大亚湾实验的成果，这是我作为译者之一在该书校样
审读的最后一分钟成功加入的点睛之笔。

多一半转化为缪子型中微子,另一半转化成陶子型中微子,两者在探测器中都无法触发可以直接生成缪子和陶子的带电流相互作用,因而呈现出来的是"失踪"状态。

毫无疑问,大亚湾实验的成功是中微子物理学的重要进展之一,也是中国高能物理学发展历程的一个里程碑!获知大亚湾实验的结果之后,李政道先生在第一时间发来贺电:"这是物理学上具有重要基础意义的一项重大成果。"美国《科学》(*Science*)期刊也撰文强调:"如果大型强子对撞机的研究人员没有发现标准模型之外的新粒子,那么中微子物理学可能是粒子物理学的未来,而大亚湾的实验结果可能就是标志着这一领域起飞的时刻。"事实上,2012年的粒子物理学界经历了两件激动人心的突破性事件:除了3月8日发布的大亚湾实验的重要成果,还有7月4日那一天欧洲核子研究中心宣布大型强子对撞机发现了人们期待已久的希格斯(Higgs)粒子——那个给予其他基本粒子以质量的"上帝粒子"!可以说,后者是对标准的电弱统一理论的强有力的验证,而前者则是对相当成功的标准模型提出了新的挑战!

为什么大亚湾实验测量到最小的中微子混合角 θ_{13} 是一件具有重要基础意义的成果?首先,如图5.6所示,θ_{13} 和希格斯粒子的质量 M_H 一样,都是粒子物理学的基本参数,前者与其他味混合参数一道描述了物质世界在微观层次上发生转化的强度,故而特别重要。其次,θ_{13} 的大小决定了中微子振荡过程中CP破坏的强度,因

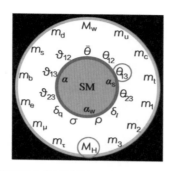

图5.6　标准模型以及中微子质量与混合所涉及的28个基本参数,其中花体 ϑ 的混合角代表夸克混合角。2012年测定的中微子混合角 θ_{13} 和希格斯质量 M_H 被特别标出。

为后者是由 $J = 0.125\sin 2\theta_{12} \sin 2\theta_{13} \cos\theta_{13} \sin 2\theta_{23} \sin\delta$ 决定的,所以 $\theta_{13} \approx 9°$ 对下一代旨在测量轻子CP不守恒效应的长基线中微子振荡实验是一个难得的利好。再次, θ_{13} 的大小也是各种中微子理论模型的检验器和区分器,原因在于不同的模型所预言的中微子混合角各不相同,因此大亚湾实验结果的出炉很快就排除了文献中的很多理论模型。最后,正如在夸克物理学中测定最小的夸克混合角意味着该领域从此进入精确测量的时代那样,最小中微子混合角的测定也是中微子物理学的转折点——从此后者也进入了精确测量的时代。此外,中微子在宇宙学和天文学中扮演着重要角色,有些与中微子相关的宇宙学和天文学过程不可避免地依赖 θ_{13} 的数值。总而言之,随着 θ_{13} 和 M_H 的测定,粒子物理学从此进入了新的发展阶段。

2012年4月3日,韩国的RENO合作组宣布,他们在 6.3 σ 的置信度水平发现了反应堆反中微子振荡现象,并由此测定了最小中微子混合角 θ_{13} 的数值,其结果与大亚湾实验的结果基本一致。但是几天之后,即4月8日,RENO合作组却替换了他们最初的论文版本,将实验结果的置信度从具有"发现"意义的 $6.3\,\sigma$ 改为处于"证据"水平的 $4.9\,\sigma$,而且 θ_{13} 的数值结果也发生了些许变化。这说明 RENO合作组先前的物理分析有问题,但是为什么会发生这种令人尴尬的情况呢? 前面已经提到,RENO实验的进度其实远比大亚湾和Double Chooz实验的进度快,他们其实从2011年8月就开始运行取数了,但却迟迟没有发表任何物理结果。究其原因,可能主要是由于RENO合作组在数据处理和物理分析方面缺乏经验。与竞争对手不同的是,RENO团队只有34位成员,清一色来自韩国的大学和研究所。这么小的队伍规模,自然不可能拥有各方面的杰出人才;加上韩国在高能物理学实验领域的积累和成就有限,在不搞国际合作的情况下很难捷足先登,因此失去了抢在竞争对手前面发表令人信服的物理结果的良机。相比之下,大亚湾合作组不仅得益于北京正负电子对撞机以及北京谱仪运行30年所积累下来的丰富人才资源和软硬件方面的经验,而且得益于国际合作者(尤其是来自美国一流大学和国家实验室的科学家)在很多方面的启发和贡献,可谓具备了天时、地利与人和的所有条件,最终在与韩国和法国的激烈竞争中胜出。

大亚湾实验的成功也给合作组成员带来了巨大的声誉。2013年5月25日,王贻芳研究员荣获周光召基金会颁发的第六届科技奖——"基础科学奖"。2013年7月15日,曹俊研究员荣获亚太物理学会颁发的"杨振宁奖"。2013年9月12日,大亚湾合作组另一位中方骨干成员、中国科学院高能物理研究所的杨长根研究员荣获中国物理学会颁发的"王淦昌物理奖"。2013年9月30日,王贻芳与陆锦标分享了美国物理学会颁发的"潘诺夫斯基(Wolfgang Panofsky)实验粒子物理学奖"。这是中国本土的物理学家首次获得此项殊荣。值得一提的是,戴维斯、莱茵斯、小柴昌俊、梶田隆章等国际著名中微子实验物理学家在获得诺贝尔奖之前,都曾获得过潘诺夫斯基奖。2013年10月30日,王贻芳荣获香港何梁何利基金会颁发的"科学与技术进步奖"。2014年1月10日,大亚湾合作组中方人员集体荣获中国科学院颁发的"杰出科技成就奖"。2015年5月20日,王贻芳荣获日本经济新闻社颁发的第20届"日经亚洲奖"——科学技术奖。2015年11月9日,王贻芳、陆锦标和大亚湾国际合作组全体成员荣获享誉世界的"基础物理学突破奖"(Breakthrough Prize in Fundamental Physics)。这也是中国本土的科学家首次获得该国际重要奖项。2016年8月10日,大亚湾合作组的中方青年骨干成员、中国科学院高能物理研究所的温良剑研究员荣获国际纯粹与应用物理学联合会(IUPAP)颁发的"青年科学家奖"。2016年12月21日,王贻芳、曹俊、杨长根与来自中国科学院高能物理研究所的另外两位大亚湾实验骨干成员衡月昆和李小男研究员荣获中国自然科学领域的最高奖项——国家自然科学一等奖。2017年2月27日,王贻芳荣获俄罗斯杜布纳研究所颁发的"布鲁诺·庞缇科夫奖"。这也是中国本土的物理学家首次获得此项殊荣,先前数位中微子物理学界的国际著名理论和实验专家也都曾获得过这一针对性很强的荣誉。

值得补充的是,上面提到的"基础物理学突破奖"被称为国际科学界"第一巨奖",原因在于它的单项奖金高达300万美元,远高于诺贝尔奖的奖金额度。2016年度的"基础物理学突破奖"颁发给了为发现中微子振荡现象作出重要贡献的5个国际合作组以及7位杰出科学家——王贻芳与陆锦标(大亚湾合作组)、梶田隆章与铃木阳一郎(超级神冈合作组)、麦克唐纳(SNO合作组)、铃木厚人(KamLAND合作组)、西川幸一郎(K2K与T2K合作组)[①]。图5.7展

图5.7　2015年11月8日,2016年度"基础物理学突破奖"的颁奖典礼在位于加州山景城的美国国家航空航天局一号机库举行,登台领奖的7位物理学家分别是王贻芳(中)、陆锦标(左三)、麦克唐纳(右三)、铃木厚人(左二)、铃木阳一郎(右二)、西川幸一郎(左一)和梶田隆章(右一)。

---

① 由于K2K合作组的主要成员都加入了T2K合作组,因此两者合二为一作为一个合作组领取了2016年度的"基础物理学突破奖"。

示的是在位于加州山景城的美国国家航空航天局一号机库举行的 2016 年度"基础物理学突破奖"颁奖典礼现场,王贻芳等 7 位获奖人登台领奖。前面提到的每个国际合作组各分得 60 万美元。具体到大亚湾国际合作组的奖金分配,王贻芳和陆锦标作为实验项目的发起人和领导者居功至伟,各自领得 20 万美元;其余的 20 万美元则在参与署名那篇《物理评论快报》论文的 200 余位作者之间进行平分,每人获得了大约 750 美元的象征性奖励。

5.3 江门实验

中微子质量平方差 Δm_{21}^2 的符号是借助太阳中微子振荡及其物质效应确定的,其中也用到了对混合角 θ_{12} 所在"卦限"(octant)的约定。从第 4.1 节的物质效应公式可以看出,在"二味"近似下,如果只是约定真空中的太阳中微子混合角 θ_{12} 处于第一"象限"(quadrant),那么 $\sin 2\theta_{12}$ 的符号是确定为正的,但 $\cos 2\theta_{12}$ 依然可能是正的(当 $0° < \theta_{12} < 45°$ 时)或者负的(当 $90° > \theta_{12} > 45°$ 时)。为了消除这种纯数学上的不确定性,中微子物理学界达成的共识是不失一般性地约定 $0° \leqslant \theta_{12} \leqslant 45°$。在这种情况下,太阳中微子振荡实验中观测到的 MSW 物质效应要求 $\Delta m_{21}^2 \cos 2\theta_{12}$ 与 $A = 2\sqrt{2}\, G_F N_e E$ 部分相消,即 $\Delta m_{21}^2 \cos 2\theta_{12}$ 取正值,因此 $\Delta m_{21}^2 > 0$,即 $m_2 > m_1$ 成立。但在"三味"中微子混合与振荡的框架内,同样的"卦限"约定却不能再用到其他两个混合角,否则所得到的数值结果将有失一般性。换句话说,

混合角 θ_{13} 和 θ_{23} 原则上可以在第一象限内取任意值[①]。

由于大亚湾反应堆反中微子振荡实验在可以完全忽略物质效应的情况下测定了 $\sin^2 2\theta_{13}$ 的数值,其值很小的事实表明 θ_{13} 一定处在第一象限的下卦限之内,即角 $\theta_{13} \sim 9°$。相比之下,目前的大气和加速器中微子振荡实验结果还无法可靠地确定最大的中微子混合角 θ_{23} 所在的卦限。也就是说,θ_{23} 肯定处在45°附近,但尚不确定它的真实值略大于45°还是稍小于45°。另一方面,对现有中微子振荡实验数据所作的最新整体拟合分析表明,$\Delta m_{31}^2 > 0$ 的可能性在大约3σ的置信度水平上超越了 $\Delta m_{31}^2 < 0$ 的可能性。不过严格说来,中微子质量平方差 Δm_{31}^2 的符号仍旧悬而未决,尽管 $\Delta m_{31}^2 > 0$ 的可能性似乎稍大一些。而下一代中微子振荡实验的首要科学目标之一就是令人信服地确定 Δm_{31}^2 的符号,或者说彻底解决中微子的质量等级问题。如果三种中微子的质量谱呈现出正等级的特征(即 $\Delta m_{31}^2 > 0$,或者 $m_1 < m_2 < m_3$),那么它就与带电轻子的质量等级在整体上相似,如图3.2所示;但是,倘若实验上最终发现中微子的质量等级其实是倒等级(即 $\Delta m_{31}^2 < 0$,或者 $m_3 < m_1 < m_2$),那将意味着电中性而且质量微小的中微子可能具有更加奇特的"味"结构。

旨在测定中微子质量等级的振荡实验可以分为两类:一类是长基线加速器中微子或大气中微子振荡实验,其振荡频率依赖物

---

① 需要注意的是,无论夸克味混合还是轻子味混合,我们都要求其混合角处在第一象限,而所涉及的CP相位可以在0至2π之间任意取值。

质效应项 $A = 2\sqrt{2}\,G_F N_e E$ 以及与真空振荡相关的 $\Delta m_{31}^2 \cos 2\theta_{23}$ 等项之间的线性组合，从而可以确定 Δm_{31}^2 的符号；另一类是中等基线的反应堆反中微子振荡实验，其中由中微子质量平方差 Δm_{21}^2 驱动的振荡和由 Δm_{31}^2 或 Δm_{32}^2 驱动的振荡之间的干涉项对 Δm_{31}^2 和 Δm_{32}^2 的符号敏感。值得强调的是，由于 $\left|\Delta m_{31}^2\right| \approx \left|\Delta m_{32}^2\right| \sim 30\Delta m_{21}^2$，因此 Δm_{31}^2 和 Δm_{32}^2 必定具有相同的符号，而这意味着两者之和 $\Delta m_{31}^2 + \Delta m_{32}^2$ 的符号就代表着中微子的质量等级。基于这样的考虑，可以把反应堆反中微子振荡的概率表达成如下形式：

$$P(\bar{\nu}_e \rightarrow \bar{\nu}_e) \approx 1 - \sin^2 2\theta_{12} \cos^4 \theta_{13} \sin^2 \frac{1.27\Delta m_{21}^2 L}{E} - \frac{1}{2}\sin^2 2\theta_{13}(P_1 + P_2)$$

其中

$$P_1 = \sin^2 \frac{1.27\Delta m_{31}^2 L}{E} + \sin^2 \frac{1.27\Delta m_{32}^2 L}{E}$$

$$P_2 = \cos 2\theta_{12} \sin \frac{1.27\Delta m_{21}^2 L}{E} \sin \frac{1.27\left(\Delta m_{31}^2 + \Delta m_{32}^2\right)L}{E}$$

由此可见，最后一项就是两种典型的振荡模式之间的干涉项，对中微子的质量等级敏感（即正等级对应 $P_2 > 0$；倒等级对应 $P_2 < 0$）。

结合反应堆反中微子的能谱分布所作的精细数值分析结果表

明，当取基线长度 $L\approx53$ 千米时，上述干涉效应最为明显。在这种情况下，最主要的振荡行为来自中微子质量平方差 Δm_{21}^2 驱动的振荡，而后者的精细结构则是由 Δm_{31}^2 和 Δm_{32}^2 驱动的振荡造成的，即由两种振荡之间的干涉效应所致，如图 5.8 所示。通过对反中微子事例随能谱的变化作细致的傅立叶分析，就能够确定中微子的质量为正等级还是倒等级。这就是江门实验测定中微子质量等级的工作原理。

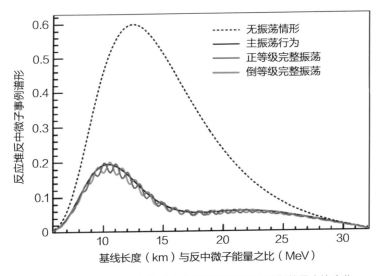

图 5.8　江门实验中反应堆反中微子事例随基线长度与能量之比变化的示意图，其中主振荡行为由 Δm_{21}^2 驱动，精细结构由 Δm_{31}^2 和 Δm_{32}^2 驱动，对应中微子质量的正等级或者倒等级。

江门地下中微子观测站的英文缩写为 JUNO，它地处广东江门市，距离建设中的阳江核电站（功率 17.4 GW）和台山核电站（功率 18.4 GW）的距离均约为 53 千米。目前江门地下隧道和实验大厅的建设正在进行之中，其中包括1266米长的斜井、564米深的竖井、地下动力中心、液体闪烁体存贮及处理间、液体闪烁体装罐间、水池、水净化设备、存车间、排水廊道等。容纳2万吨液体闪烁体的中心探测器也在建造过程中。中心探测器的主体是一个直径约35米有机玻璃球，四周由不锈钢网格外壳包裹和支撑。有机玻璃球中盛满液体闪烁体，内部将安装18 000个20英寸的光电倍增管和25 000个3英寸的光电倍增管。整个球体置于长宽高均约等于44米的巨大水池中，后者相当于一个水切连科夫探测器，内含2000个20英寸大小的光电倍增管。建成之后，江门探测器将是世界上体积最大、能量分辨能力最好的液体闪烁体探测器，不仅可以精确探测反应堆反中微子，也可以用来探测超新星爆发所释放出来的中微子，以及太阳和低能大气中微子。预期耗资约20亿元人民币的江门实验将在2021年开始运行取数，成为中微子物理学实验领域的新旗舰之一。

目前江门国际合作组的发言人为王贻芳研究员，副发言人为曹俊研究员和意大利物理学家拉努奇（Gioacchino Ranucci）。来自中国、意大利、德国、法国、俄罗斯、比利时、捷克、芬兰、斯洛伐克、拉脱维亚、美国、巴西、智利、泰国、巴基斯坦和亚美尼亚等国的70多个研究所或者大学的580余位科学家和学生参加了江门合作组，其规模比大亚湾国际合作组的规模大了一倍。

2016年2月，英国物理学会主办的《物理学期刊G：核物理学与粒子物理学》(*Journal of Physics G: Nuclear and Particle Physics*)发表了题为"江门探测器所能研究的中微子物理学课题"(Neutrino Physics with JUNO)的江门实验黄皮书,系统地描述了该实验的诸多科学目标。除了确定中微子的质量等级,江门实验也将精确测量中微子混合角 θ_{12} 以及相关的质量平方差,其结果可与大亚湾和其他中微子振荡实验的测量结果结合起来,从而检验或限制 3×3 轻子味混合矩阵的幺正性。作为世界上最大的液体闪烁体探测器,江门探测器将在探测超新星爆发所产生的中微子方面发挥独特的作用,同时它也能够探测弥散于宇宙空间中超新星中微子背景。不仅如此,太阳中微子、大气中微子和地球反中微子及其振荡行为也都是江门实验的探测和研究对象。在探索新物理方面,江门探测器可用于寻找或限制惰性中微子、核子衰变过程、非标准相互作用以及可能来自暗物质湮灭的中微子信号。

值得一提的是,江门合作组近期作出决定:将在台山核电站附近建造一个近点探测器,用来监测反应堆反中微子并对其能谱作精细测量。这将显著改善整个实验的测量精度,使得江门探测器有望在反应堆反中微子研究领域取得突破性的重要成果。预期江门实验将运行 20 年,在上述诸多研究方向为粒子物理学、核物理学、天体物理学和宇宙学的发展作出重要贡献。

祝江门反应堆反中微子振荡实验好运!

5.4 中微子的未解之谜

作为在微观和宇观世界都扮演着极其重要角色的基本费米子,神秘莫测的中微子自然还有许多未解之谜吸引着科学家的好奇心并激发着他们的创造力。这些未解之谜大致可以分为三类,总结和概述如下。

第一类,与已知的三种中微子(即 ν_e、ν_μ、ν_τ 及其质量本征态 ν_1、ν_2、ν_3)和其反粒子的自身性质有关的基本问题。其中特别重要、亟待回答的问题至少包括:

- 中微子的绝对质量到底有多小,以及它为什么如此之小?

- 中微子的反粒子就是其自身吗? 换句话说,中微子是马约拉纳型费米子吗?

- 中微子的质量谱是正等级结构还是倒等级结构?

- 中微子的寿命到底有多长,或者说它们衰变得有多快?

- 中微子作为电中性粒子,具有实验上可测量的电磁性质吗?

- 中微子味混合模式背后的动力学机制是什么?

- 最大的中微子混合角 θ_{23} 处在上"卦限"($>45°$)还是下"卦限"($<45°$)?

- 中微子混合的狄拉克 CP 相位究竟有多大?

- 倘若中微子是马约拉纳粒子,其额外的 CP 相位有多大,以及怎样测量?

- 中微子与带电轻子和夸克的味动力学有哪些异同?

第二类,与假想的中微子——惰性中微子——相关的问题。这类问题的真伪可能在很大程度上受限于温伯格于 1983 年提出的所谓"理论物理学进展第三定律"(The Third Law of Progress in Theoretical Physics):"你可以利用自己喜欢的任何自由度来描述一个物理学系统,但倘若你用错了,你会为此感到难过!"目前针对惰性中微子的重要问题至少包括:

- 是否存在质量很轻的惰性中微子,以及它们对味动力学有什么好处?

- 是否存在 keV 质量的中微子作为宇宙的温暗物质粒子,以及如何测量它们？

• 是否存在质量处于 GeV 至费米能标之间的惰性中微子，以及它们有什么用？

• 是否存在质量处于 TeV 能标的惰性中微子，以及它们有什么用？

• 是否存在质量更高、接近大统一能标甚至普朗克能标的惰性中微子？

• 惰性中微子与活性中微子之间是否存在混合，以及多大程度的混合？

• 每一类别的惰性中微子有几种，以及为什么如此？

• 不同类别的惰性中微子之间在理论上或者唯象学层面有关联吗？

• 如何令人信服地检验各种跷跷板机制？

• 如何令人信服地将中微子质量与宇宙的重子数不对称问题关联起来？

● 如何令人信服地将惰性中微子与暗物质联系起来？

第三类，与宇宙学和天文学的若干基本问题相关的中微子问题，诸如如何探测宇宙的热暗物质——宇宙背景中微子，如何探测来自遥远天体源、与宇宙线甚至引力波伴生的极高能中微子，如何精准描述中微子及其质量对宇宙微波背景辐射各向异性以及大尺度结构形成的作用，如何精准计算超新星中微子的通量以及超新星内部的中微子散射效应和物质效应等。

一定会有不少界内学者认为，上述问题中的很大一部分在可望的未来很难得到令人信服的答案，无论是肯定的还是否定的答案，笃信所有问题都能被圆满解答的人是个傻瓜。这样的看法或许是不错的，但科学探索有时候的确需要傻瓜的信念、勇气和执著，明知不可为而为之(The fool did not know it was impossible, so he did it)，最终说不定会收获意外的惊喜。

显而易见，中微子物理学最近20年的突飞猛进主要是由中微子振荡实验的若干突破性发现驱动的。这些令人振奋的进展在回答了先前的一些基本问题的同时，又提出了很多新的问题，而这正是中微子物理学和其他前沿基础科学研究的魅力所在。在未来的20年，除了一系列正在进行和即将投入的振荡型和非振荡型中微子实验有望回答上述问题的一部分(也许只是一小部分)，理论上的重大或关键性突破更值得期待。毕竟物理学的本质在于认识自然现象背后的基本规律,因此实验和理论的齐头并进是不可或缺的。换句话说,建立正确的中微子理论框架就如同从"牛排"重建出整个"牛"的过程,自然有很长的路要走,甚至避免不了有时会误入歧途。

| 后 记

　　从2018年6月中旬动笔到9月中旬初稿杀青，这本小书的写作花了我整整3个月的时间，在此期间我停笔至少两次，比如去希腊克里特岛和德国卡尔斯鲁厄开会的时候。我必须承认，这不是一次完美的创作，因为此书其实原本并不在我的近期写作计划之中。但杀青之后，它看起来也还很像回事，尽管很多地方还不够精致。这再次证明了写作是一门遗憾的艺术。人生万事，又何尝不是呢？

　　按照自己的习惯，我每次在写书之前和写作的过程中从不参阅其他相关的书籍（原始文献和网络信息除外），以免无意中受到别人叙述方式的影响。这么做自然是有利有弊。再考虑到这本书以科普目的为主，于是我省略了对具体参考文献的引用，而这不免会影响读者的阅读深度和广度，对此我深表歉意！

　　虽然这本小书就像我本人一样有着这样和那样的缺点,但它毕竟是我的第一部原创科普作品,而它的内容也关乎我20多年来倾注了很多心血的专业研究。所以我决定鼓起勇气,将这本书献给我的科研领路人杜东生老师!

　　杜老师是许多青年学子敬仰和追随的"双派"(偶像派+实力派)型导师,我有幸在1990年成为他的第一个博士研究生。在杜老师的悉心指导下,我潜心学习和研究B介子衰变和CP对称性破坏的唯象学,按时完成了3年的博士学业。1992年秋天,杜老师请自己的老朋友弗里奇教授来中国科学院高能物理研究所访问,并将我推荐给了这位国际著名理论物理学家。借助杜老师和弗里奇教授的强力推荐,我顺利拿到了德国洪堡基金会的博士后奖学金,于1993年10月加盟慕尼

杜东生老师(右)、弗里奇教授(中)与作者于1992年9月在中国科学院高能物理研究所报告厅门前合影留念。

黑大学物理系的粒子物理学理论组，从此成为弗里奇教授最得力的青年合作者。

1983年考入北京大学、1990年成为杜老师的学生和1993年成为弗里奇教授的博士后，是我这一生在学习和科研之路上的三座里程碑。感谢上苍，资质平凡的我在两位前辈各自50岁出头的金色华年之际投入他们的门下，得到了受益终生的指点和帮助。如今也年过半百的我回头看自己走过的路，确信杜老师和弗里奇老师是我整个学术生涯的引路人、贵人和良师益友。我为自己有机会与他们一起工作过和分享过生命中最好的时光而感到庆幸！

本来在创作之初，我并没有打算请朋友为本书写序。但是当决定将这本小书献给杜老师时，我便想到弗里奇教授应该是最理想的作序者。他果然很痛快地答应了，并在一周之内如期完成了英文初稿。我怀着感激的心情做了英译中的作业，同时向弗里奇老师保证：今年再见到他时，请他吃一顿大餐。

为了避免书中出现过于令人尴尬的失误，我将初稿发给了圈子里几位年轻的专业人士，请他们抽空帮助审阅。感谢李玉峰、罗舒、赵振华、黄国远、周顺、朱景宇、张迪和周也铃的有益讨论和批评指正（大致按照他们发现初稿中错误的数量多少和评论的不平庸程度排序）。书中部分插图的制作和照片的拍摄得益于我的合作者以及同事的帮助或者参与，其中包括弗里奇、韦尔特曼、吴济民、陈丽、朱景宇、周顺、李玉峰和周也铃，在此也一并致谢！

最后,感谢上海科技教育出版社的王世平、匡志强等老朋友们再给我一次合作的机会!感谢责任编辑王洋的出色工作!希望这本小书能卖得动!

邢志忠

2019年2月9日

北京

图书在版编目(CIP)数据

中微子振荡之谜/邢志忠著. —上海:上海科技教育
出版社,2019.8
("科学家之梦"丛书)
ISBN 978-7-5428-7008-7

Ⅰ.①中… Ⅱ.①邢… Ⅲ.①中微子–普及读物
Ⅳ.①O572.32-49

中国版本图书馆CIP数据核字(2019)第102035号

丛书策划 卞毓麟 王世平 匡志强
责任编辑 王 洋
封面设计 杨艳渊
版式设计 杨 静

上海文化发展基金会图书出版专项基金资助项目
"科学家之梦"丛书

中微子振荡之谜

邢志忠 著

出版发行	上海科技教育出版社有限公司	
	(上海市柳州路218号 邮政编码200235)	
网 址	www.sste.com www.ewen.co	
经 销	各地新华书店	
印 刷	上海颛辉印刷厂	
开 本	890×1240 1/32	
印 张	4.25	
版 次	2019年8月第1版	
印 次	2019年8月第1次印刷	
书 号	ISBN 978-7-5428-7008-7/N·1060	
定 价	35.00元	